QUELLEN UND FORSCHUNGEN

ZUR

SPRACH- UND CULTURGESCHICHTE

DER

GERMANISCHEN VÖLKER.

HERAUSGEGEBEN

VON

BERNHARD TEN BRINK, ERNST MARTIN,
WILHELM SCHERER.

LIX.
ÜBER DIE SPRACHE DER WANDALEN.

STRASSBURG.
KARL J. TRÜBNER.

LONDON.
TRÜBNER & COMP.
1886.

ÜBER DIE

SPRACHE DER WANDALEN.

EIN BEITRAG

ZUR

GERMANISCHEN NAMEN UND DIALEKTFORSCHUNG

VON

DR. FERDINAND WREDE.

STRASSBURG.
KARL J. TRÜBNER.

LONDON.
TRÜBNER & COMP.
1886.

G. Otto's Hof-Buchdruckerei in Darmstadt.

INHALTSÜBERSICHT.

EINLEITUNG.

Für die g e r m a n i s c h e N a m e n f o r s c h u n g, welche in den letzten Jahrzehnten eine ebenso ausserordentliche wie wohlverdiente Beachtung gefunden hat, sind von vorn herein zwei Richtungen aus einander zu halten: auf der einen Seite die Forschung, welche in der Regel von den ältesten germanischen Namen ausgeht, welche aus diesen sprachliche Folgerungen ziehen, durch diese sprachliche Gesetze stützen will; auf der andern Seite die Forschung, welche nicht von den Namen auf die Sprache, sondern von der Sprache auf die Namen schliesst, welche meist die modernen Personennamen zum Ausgangspunkt hat und diese etymologisch zu deuten sucht. Die erstere Forschung ist philologisch im wesentlichen inductiv, die letztere deductiv. Die erstere bleibt allein Aufgabe des geschulten Philologen, die letztere verfällt nur zu leicht unwissenschaftlichem Dilettantismus.[1] — Zur ersteren Richtung gehört die vorliegende Arbeit.

Der Streit über die grammatische Verwertung der Eigennamen dürfte endgiltig entschieden sein. Nachdem Bezzenberger („über die a-Reihe der gotischen Sprache", Göttingen 1874) von einer sprachlichen Benutzung der Namen nichts hatte wissen wollen, dagegen Henning („Quellen und For-

[1] Die Litteratur der ersteren giebt im allgemeinen vollständig P. Piper, „die Sprache und Litteratur Deutschlands bis zum 12. Jahrhundert" (Paderborn 1880), I, S. 30 ff.; die der letzteren Cämmerer, „thüringische Familiennamen" (Programm der Fürstl. Realschule zu Arnstadt 1885).

schungen" III, 97 ff.) die Laute der Namen denen der übrigen Worte gleichgestellt und sie überhaupt eine vollwichtige und sichere Grundlage einer chronologischen Lautgeschichte genannt hatte, traf Bezzenberger zweifellos das Wahre, wenn er sagte (Göttinger gel. Anz. 1875, S. 666): „Das Richtige liegt auch hier in der Mitte: der Wert der Namen für lautgeschichtliche Untersuchungen ist relativ; je altertümlicher die Sprache ist, mit welcher sie zeitlich zusammenfallen, desto grösser ist derselbe; je fortgeschrittener jene ist, desto weniger lassen sie sich verwerten." — Damit ist auch der vorliegenden Abhandlung vollgiltige Berechtigung zugesprochen.

Wie steigert sich aber diese Bedeutung der Namenforschung für diejenigen alten Sprachgebiete, in denen keinerlei zusammenhängende Sprachdenkmäler erhalten sind und somit die Namen die einzigen Sprachreste bieten! Andrerseits findet sie hier grössere Schwierigkeit und erheischt genaueste Vorsicht, weil ein Vergleich mit der Sprache an sich etwaige Entstellungen oder fremde Beeinflussungen nicht aufdecken kann (vgl. J. Grimm, Gesch. d. dtsch. Spr. [1], S. 197). — Beides trifft für die wandalische Mundart zu.

Für eine solche sprachliche Verwertung der Eigennamen wird jedoch ein Gesichtspunkt von grösster Wichtigkeit gar zu oft aus dem Auge gelassen: die streng dialektische Namenforschung. Namenzusammenstellungen ohne solche dialektische Scheidung zum Zweck lautlicher Ergebnisse lassen es zu keinen positiven, nur zu schwankenden Resultaten kommen und bringen ihren Autor leicht in den Verdacht mit seinen Sammlungen mehr prunken als beweisen zu wollen.[1]

---

[1] Dadurch wird z. B. der sonst ganz unleugbare Wert von F. Dietrichs Buch „über die Aussprache des Gotischen während der Zeit seines Bestehens" (Marburg 1862) in manchen Einzelheiten herabgedrückt. Dieser Fehler findet sich auch in einer erst kürzlich erschienenen Abhandlung wieder, welche sich sonst durch reiche Materialsammlungen und eine gewinnende Klarheit auszeichnet: bei Bremer, „germanisches ē" (Beitr. z. Gesch. d. dtsch. Spr. u. Litt., XI, 1 ff.), auf welche wir auch sonst noch zurückkommen werden. Bremer giebt z. B. S. 19—25 eine Reihe von Namen aus dem grossen, weiten Sprachgebiete der alten Franken ohne irgend einen Versuch mundartlicher Sonderung, und demgemäss bewegen sich seine lautlichen Folgerungen

Doch ist dieser bedeutsame Gesichtspunkt auf westgermanischem Gebiete in der letzten Zeit mit definitiven Erfolgen beobachtet worden, wie die Specialuntersuchungen über alemannische, bairische, hochfränkische, südfränkische, sächsische Namen beweisen, was hier freilich meist durch die Möglichkeit des Vergleiches mit sonst vorhandenen Sprachdenkmälern erleichtert wurde. Anders innerhalb des Ostgermanischen, wo bisher fast ausnahmslos die Namen aller wandilischen Stämme ohne jeden Unterschied nur nach dem Massstab der ulfilanischen Sprache beurteilt wurden. Abgesehen von einzelnen Anregungen J. Grimms in der „Gesch. d. d. Spr.", Massmanns in den „Gotica minora" (Zeitschr. f. dtsch. Alt., I) und einigen Zusammenstellungen westgotischer Namen aus den westgotischen Concilienacten (z. B. bei Bezzenberger, „a-Reihe") sind mir nur die kritiklosen Aufsätze Förstemanns über die Sprachreste der einzelnen Wandilierstämme im 2. Bande seiner „Geschichte des deutschen Sprachstammes" (Nordhausen 1875) und die in ihren Resultaten gleichfalls nicht stichhaltige Abhandlung Wackernagels über die „Sprache und Sprachdenkmäler der Burgunder" (jetzt im 3. Bd. seiner „Kleinen Schriften", Leipzig 1874) bekannt. Im allgemeinen aber hat man an eine endgiltige dialektische Unterscheidung der Wandilier noch nicht gedacht. Freilich die Aufgabe ist schwierig; zusammenhängende Sprachdenkmäler sind ausser Ulfilas so gut wie gar nicht erhalten,[1] und bei einzelnen Mundarten fliessen selbst die Namenquellen recht spärlich. Trotzdem sind solche dialektische Zusammenstellungen und Behandlungen durchaus nötig, soll ein voll-

---

auf S. 25 nur in ganz hypothetischem Tone, wirklich abschliessende Ergebnisse sind es nicht; ist aber dialektische Sonderung hier nicht möglich, dann war die Zusammenstellung gerade für eine so subtile Untersuchung, wie die Bremers, im wesentlichen zwecklos

[1] Deshalb darf man sich nicht wundern in den Namen viele Worte zu finden, welche bei Ulfilas nicht vorhanden sind, um so weniger als die germanische Namengebung den vulgären Sprachgebrauch meist vermied und ihre Begriffe mit Vorliebe in der gehobenen Poesie suchte; ja aus gleichem Grunde mag schon damals über manchen Namen etymologisches Dunkel gelegen haben.

ständiges und zugleich kritisches Namenbuch des wandilischen Sprachastes nicht eine beständige Illusion bleiben.

Zu einem solchen Bau will die vorliegende Studie den ersten Grundstein liefern. Sie behandelt die Sprachreste und dialektischen Merkmale des Wandalischen. — Ich hoffe einst die Sprache der übrigen wandilischen Stämme ebenso behandeln zu können, um endlich jenes so oft von den Germanisten ersehnte „gotische"[1] Namenbuch aus diesen Einzelarbeiten zusammenzustellen; die letzteren sind aber vorher für eine wirklich kritische Gliederung des ersteren unentbehrlich. Eben der angedeutete Plan erforderte in der vorliegenden Abhandlung auf etymologischem wie grammatischem Felde grössere Ausführlichkeit und näheres Eingehen auf manchen bekannten, selbst elementaren Punkt, um für die Zukunft blosse Verweisung hierher zu ermöglichen.

Was die Quellen für diese Arbeiten anlangt, so sind wir, wenn nicht gerade Ausschlag gebende Münzen oder Inschriften vorhanden sind, fast ausschliesslich auf das Namenmaterial bei den lateinischen und griechischen Schriftstellern angewiesen, vor allem bei denen aus den ersten sechs christlichen Jahrhunderten. Zur richtigen Benutzung derselben vom historischen Standpunkt aus ist der Weg durch die Arbeiten von Felix Dahn geebnet, und für seine erschöpfenden Quellenverzeichnisse und Litteraturangaben im 1., 4. und 5. Bd. der „Könige der Germanen" (München und Würzburg 1861—70), in den „westgotischen Studien" (Würzburg 1874), namentlich auch in der von ihm besorgten zweiten Ausgabe der „Geschichte der Völkerwanderung" von E. v. Wietersheim (Leipzig 1880-81) sind wir ihm zu grösstem Danke verpflichtet. Und zu der historischen Kritik kommt die Textkritik! Wie viel mehr Klarheit wäre wohl für so manchen Punkt auch in dieser Abhandlung möglich gewesen, hätten uns für alle Autoren, namentlich etwa für Prosper, Idatius, Cassiodor, Victor von Tunnuna solche Ausgaben zur Verfügung gestanden, wie sie uns die „Monumenta Germaniae historica" für Victor von Vita, Corippus, Jordanes („auctores antiquis-

---

[1] S. die Anm. [1] auf S. 6.

simi" III, 1. 2. V, 1) an die Hand geben! Sorgsame Achtung auf Textkritik und Überlieferung ist gerade für unsere Zwecke von grösster Bedeutung; es sei beispielsweise an die häufigen romanischen Einflüsse in den Handschriften erinnert.

Im übrigen sei in betreff der Ausbeutung dieser mittelalterlichen Quellen für germanische Namenforschung auf folgende Gesichtspunkte kurz hingedeutet.[1] Vor allem ist die Übertragung der germanischen Laute in die lateinische Orthographie, die Aussprache der wiedergebenden lateinischen Zeichen, für unsere Zeit besonders die Aussprache des Vulgärlateins die Grundlage für alle lautlichen Untersuchungen auf diesem Felde.[2] Sodann ist stets die Frage zu stellen, inwieweit individuelle Eigentümlichkeiten der Autoren vorhanden und zu berücksichtigen sind, wie z. B. für unsere Studie bei Corippus der regelmässige Eintritt von -rîth (got. -rêþs) als zweitem Compositionsglied in Namen für -rîx (got. reiks) (vgl. S. 55 und M. Haupt, „opuscula" III, 616). Ferner muss scharf unterschieden werden zwischen solchen Namen, welche der Autor noch persönlich gehört hat, und solchen, welche ihm selbst nur überliefert sind; so stellt Müllenhoff im Index zu Mommsens Jordanes (Mon. Germ. hist., auct. antiqu. V, 1) S. 143 diesen Unterschied bei Cassiodor und Jordanes auf für die Namen mit *ai* und *au* einerseits und die mit *e* (*ae*) und *o* andrerseits. Endlich sind lateinische und griechische Quellen ganz verschieden zu beurteilen. Die Griechen sind durchaus unzuverlässig, sie haben für den germanischen Consonantismus wie Vocalismus (zumal die Diphthonge) gar kein Gehör und begehen hier in der Wiedergabe beständige Inconsequenzen. Dagegen darf man den Lateinern im allgemeinen folgen; sie haben in der Regel mehr von den germanischen Namen, die sie mitteilen, selbst gehört, als die früher auf Tradition und Entlehnung angewiesenen Griechen. Um nur einen Beweis für die Zuver-

---

[1] Zur Ergänzung vgl. Dietrich S. 58 ff.

[2] Ausser W. Corssen, „über Aussprache, Vocalismus und Betonung der lateinischen Sprache" (2. Aufl., Leipzig 1868—70), und H. Schuchardt, „der Vocalismus des Vulgärlateins" (Leipzig 1866—68), jetzt E. Seelmann, „die Aussprache des Latein" (Heilbronn 1885).

lässigkeit der lateinischen Schriftsteller unserer Periode anzuführen, sei folgendes erwähnt: während ihre Vorgänger der früheren Jahrhunderte den germanischen Diphthong *ai* durch das lateinische *ae* bezeichneten („vgl. C*ae*sia = ahd. Heisi, Boioh*ae*mum = ahd. Bêheim, g*ae*sum = ahd. gêr, entsprechend gr. *αι* in *Βουίαιμον, Χαῖμαι, Ἀριό-γαισος* u. s. w.“, Bremer, Beitr. XI, 4), geben sie denselben gegen ihre Gewohnheit, aber genauer mit *ai* (jünger *ei*) wieder, schreiben den fremden Namen also ganz nach dem Gehör.

Wir teilen die Germanen mit Müllenhoff und Scherer in Westgermanen und Ostgermanen, die Ostgermanen in Skandinavier und Wandilier: zu den letzteren gehören die Wandalen. Schon Procop (de bell. Vand. I, 2) stellt sie zu den Ostgoten (bei ihm *Γότθοι*), Westgoten (*Οὐισιγότθοι*), Gepiden (und hätte sie ebenso zu den Burgundern, Herulern, Rugiern u. a. stellen können) und giebt allen diesen denselben Körperbau, dasselbe Recht, dieselbe Religion (den Arianismus), dieselbe Sprache (die sogen. „gotische“ [1]); und wenn er eine Zeit annimmt, wo sie alle eine einheitliche Völkergruppe gebildet haben, so geben Plinius und Tacitus für diese den gemeinsamen Namen: eben „Wandilier“; das gemeinsame Band war für sie der gleiche Cultus, die Verehrung eines göttlichen, an Castor und Pollux erinnernden Brüderpaares; der Ursitz des Volkes war die Gegend der Ostsee-Küste. Von den einzelnen Stämmen, in welche dieses Wandiliervolk sich dann teilte, behielten unsere Wandalen den alten Stammesnamen bei (vgl. schon K. Zeuss, „die Deutschen und die Nachbarstämme“, München 1837, S. 57), wie ebenso — um die weiteste Parallele zu geben — der Gesamtname der alten Arier bei den Iren haften blieb. [2] In

[1] Wir sind gewohnt den Ausdruck „gotisch“ allgemein für die Sprache des wandilischen Stammes anzuwenden, was jedenfalls ungenau ist; „wandilisch“ wäre allein berechtigt; aber jene Bezeichnung ist uns so geläufig, dass auch für das Folgende eine ganz exacte Consequenz in der Terminologie kaum zu versprechen ist.

[2] Über die irrige Ansicht von Zeuss (S. 444), der die Wandalen

der Völkerwanderung haben die Wandalen den grössten Weg zurückgelegt: von ihren ältesten Sitzen an beiden Ufern der Oder südlich an die Donau, dann westlich durch Deutschland, durch Gallien nach Spanien („Andal-usien"), endlich nach dem nördlichen Afrika. Und während dieser afrikanischen, ihrer eigentlich historischen Periode, aus der allein ein grösseres Namenmaterial überliefert (weniges auch aus den früheren Epochen), kommen die Wandalen für uns in Betracht. Stellt man sich das Wesen einer solchen Völkerwanderung richtig vor, wie dieselbe keine allgemeine bleibt, sondern in all den durchzogenen Gebieten ganze Schaaren von Stammesgenossen zurücklassen kann, dann mag freilich in dem weiten, von den Wandalen durchstreiften Länderkreise mancher Name vorkommen, dessen Träger von wandalischer Nationalität war; aber entscheiden lässt sich vorläufig nichts darüber.[1]

Also die Sprache der Wandalen in Afrika, wie sie im 5. und im ersten Drittel des 6. Jahrhunderts gesprochen wurde, ist der Gegenstand unserer Betrachtung. Dieselbe wird das ethnologische Urteil Procops in seinem ganzen Umfange bestätigen. Der wandalische Lautstand wird nach derselben in den Hauptpunkten so ganz gotisch erscheinen, sich an die gotischen Lautverhältnisse so nahe anschliessen, dass bei allen nicht germanisch klingenden Namen — und Namen sind ja, abgesehen von vereinzelten, winzigen Sprachbrocken, unser einziges Material — kühne Etymologien und Conjecturen nur angedeutet werden dürfen und man vor allem an Beeinflussung durch nicht wandalische Stämme denken muss. Und gerade der letzte Gesichtspunkt fällt bei

---

nicht zu den „gotischen", sondern lugischen Völkern zählen will, s. F. Dahn, „Urgeschichte der germanischen und romanischen Völker", Bd. I (Berlin 1881), S. 143. — Über Arier und Iren s. Zimmer in Bezzenbergers Beiträgen III, 137.

[1] Man lese z. B. bei Procop die Erzählung, wie von den in Pannonien zurückgebliebenen Wandalen Gesandte an den Wandalenhof in Carthago kommen, um über den alten pannonischen Grundbesitz zu unterhandeln; eine sehr charakteristische Mitteilung; vgl. Dahn, Urgeschichte I, 205.

den Wandalen schwer ins Gewicht. Ausser den vielen Völkerstämmen, mit welchen sie auf ihrem weiten Wanderzuge in mehr oder weniger nahe Berührung traten, ist besonders zu beachten, dass mit dem Jahre 418 sogar der ungermanische Stamm der Alanen, der sich ihnen auf dem Zuge angeschlossen, ganz in die Wandalen aufging und somit in ihren altgermanischen Namenschatz einen gewiss nicht unbedeutenden, ungermanischen Bestandteil hineinbrachte. Ferner war das Wandalenreich in Afrika, das mit einer geradezu bewundernswerten Kühnheit zwischen ganz fremdartige Elemente hineingebaut wurde, von einem directen Verkehr mit anderen Germanenstämmen abgeschnitten. Die lautliche Entwickelung des wandalischen Dialektes war damit wildfremden, vornehmlich maurischen Einwirkungen (s. Felix Papencordt, „Geschichte der wandalischen Herrschaft in Afrika", Berlin 1837. S. 241) ausgesetzt.[1] Und dann die gleichzeitige Bedrohung der wandalischen Nationalität von Rom und Byzanz, namentlich von ersterem. Man konnte wohl lange Zeit die römischen Waffen von sich fern halten, nicht aber die römische Cultur, die römische Sprache, welche als Litteratur- und Verwaltungssprache sich über den ganzen Orbis romanus erstreckte; und Afrika war eine der römischen Provinzen gewesen, wo die Romanisierung am allgemeinsten gelungen war. Jetzt lernten die reichen Wandalengeschlechter Latein, auch Griechisch, und der Einfluss der classischen Sprachen zeigt sich, wenn Wandalen lateinische oder griechische Namen tragen: Jocundus, Antoninus (crudelis episcopus Arianorum), Bonifacius (Kanzler des Geilamir), oder wenn uns im folgenden Latinisierungen und Graecisierungen wandalischer Namen (Honoricus statt wand. Hûnarîx S. 63, Theodoricus statt wand. Theudarîx S. 65 f.), sowie Wandalisierungen fremder Elemente (Cyrila S. 70) begegnen werden; er zeigt sich in den lateinisch abgefassten Inschriften, den lateinischen Gedichten der Hofpoeten, den Schauspielen in lateinischer Sprache u. s. w. (vgl. Weiteres bei Dahn, Ur-

[1] So konnte es kommen, dass v. d. Gabelentz und Loebe (Ulfilas II, 1, S. 3) die von J. Grimm (Grammatik I³, S. 2) behauptete Verschwisterung der Goten- und Wandalensprache bestritten!

geschichte I, 217 ff.). Endlich lässt auch die neue Religion des Christentums, welche noch auf keine Sprache conservativ gewirkt hat, ihren Einfluss spüren, wenn z. B. bei Marcellinus Comes (chronicon ed. Th. Roncallius, „vetustiora Latinorum chronica“, Patavii 1787, II, 286) ein „Joannes natione Wandalus magisterque militiae“ erscheint. Ja selbst unter den gut germanisch klingenden Namen ist mitunter strenge Kritik geboten. So war es für mich — im Gegensatz zu Förstemann — ganz zweifellos, dass von solchen Namen, die zwar germanisches Gewand trugen, jedoch von orthodoxen Katholiken geführt wurden, völlig abzusehen war. Der wilde Fanatismus, welcher den Arianismus im Wandalenreich von der ersten bis zur letzten Stunde seiner afrikanischen Existenz beseelte und die blutigsten Katholikenverfolgungen heraufbeschwor, gebietet solche Namen vom Wandalischen auszuscheiden und sie sonstigen germanischen Eindringlingen zuzuweisen; dahin gehört z. B. der Abragila, Presbyter zu Carthago im 6. Jahrhundert (E. Förstemann, „altdeutsches Namenbuch“ I, 4 und „Gesch. d. dtsch. Sprachstammes“ II, 188), Salo, episc. Fallabensis im 5. Jahrhundert (Förstemann, „Namenbuch“ I, 1067 und „Sprachstamm“ II, 188). Wincomalus im 5. Jahrhundert (Marini, „papiri diplomatici“, Nr. 76; Förstemann, „Namenbuch“ I, 1321).

Quellen waren auch für unser Specialgebiet ausser einigen Bronze- und Silbermünzen der Könige Hunarix, Gunthamund, Thrasamund, Hildirix, Geilamir (J. Friedländer, „die Münzen der Wandalen“, Leipzig 1849) die lateinischen und griechischen Autoren, wie sie in den modernen Darstellungen der wandalischen Geschichte benutzt sind, namentlich in dem oben citierten, noch immer unentbehrlichen Buch von Felix Papencordt und in den bezüglichen Abschnitten bei Felix Dahn im 1. Bd. der „Könige der Germanen“ und im 1. Bd. der „Urgeschichte“ (dazu seine oben angeführten Litteraturverzeichnisse). Ich habe die Quellen verfolgt bis gegen das Jahr 1000. Weiter zu gehen schien unnötig, Verwirrung und Entstellung nehmen beständig zu; beispielsweise nennt Rodericus Toletanus archiepiscopus († 1247) in seiner „historia Wandalorum“ (Hisp. illustr. tom. 2) den Wisimar des Jordanes bald „Huimar", bald „Vimar". Ebenso wenig habe ich auf kleine, zumal griechische Autoren besondere Jagd gemacht, in denen vielleicht nichts als der Wandalenname erscheint, habe auch z. B. den Namen des Geisarix nicht bei Autoren aufgesucht wie Beda, Cedrenus, Glycas, Manasses, Damassius.

Die Vorarbeiten, die ich zu berücksichtigen hatte, sind unbedeutend.[1] Der neunte Abschnitt: „Wandalisches in Afrika", in Massmanns „Gotica minora" (Zs. I) giebt wenig, ist aber interessant zu lesen; wenn Diefenbach in seiner Recension (Hallenser Litteratur-Zeitung 1843, Sp. 69) darüber sagt: „Weniges, doch leider wohl alles, was sich jetzt über diesen Gegenstand sagen lässt", dann erinnert man sich von neuem auch auf unserem Specialgebiete der grossen Bedeutung der Namenforschung. Die einzige Vorarbeit, welche die wandalische Sprache im Zusammenhange unter Berücksichtigung der Eigennamen behandelt, hat Förstemann geliefert, „Sprachstamm" II, S. 184 — 191. Kritiklosigkeit ist ein Hauptfehler Förstemanns; sie zeigt sich in seinem „altdeutschen Namenbuch", sie zeigt sich in seinen sonstigen Arbeiten, sie zeigt sich auch hier. Das Urteil, welches Müllenhoff über ihn gefällt hat (Liliencron und Müllenhoff, „zur Runenlehre", Halle 1852; vgl. auch Stark in den Wiener Sitzungsberichten, Bd. XXIII, S. 660), findet man, so überaus scharf es auch erscheint, immer mehr bestätigt, so oft man bei dem Mangel eines anderen Namenbuches[2] sich wieder zu Förstemann wenden muss. Den bei weitem grössten Teil seines Aufsatzes über die Wandalen nehmen haltlose Etymologien der dunklen Wandalennamen ein; dagegen denkt er nicht daran, aus dem sicheren Material lautliche Folgerungen für den wandalischen Dialekt zu ziehen.

---

[1] Aus historischer Pietät sei der berühmte Hugo Grotius genannt mit seiner „historia Gotorum, Wandalorum et Langobardorum" (Amsterdam 1655), deren Namenverzeichnis durch manche Etymologie heitere Augenblicke in die ernste Arbeit hineinbrachte.

[2] Für die elementarsten Fragen hilft im allgemeinen der Index bei Heintze, „die deutschen Familiennamen" (Halle 1882), — doch auch unter Vorsicht zu benutzen.

Dem entspricht ganz die Zusammenfassung über wandalische Lautverhältnisse auf S. 191; was soll man wohl aus folgenden Sätzen für dieselben schliessen: „Got. *ê* bleibt in Vitared, Gelimer, Hoamer, erscheint jedoch als *i* in Geilamir, als â in Visimar“; „*th* und *d* wechseln inconsequent mit einander“! Schwerlich dürfte das Vorhandensein einer solchen Vorarbeit die folgende Abhandlung als überflüssig erscheinen lassen.

Dieselbe giebt zuerst die Quellen und aus ihnen unter Anwendung der nötigen Textkritik das vorhandene Material; sodann die Behandlung der einzelnen Sprachreste in etymologischer und lautlicher Beziehung; endlich hiernach eine Darstellung der wandalischen Dialektmerkmale im Zusammenhange.

QUELLEN.

Wir teilen die Quellen in vier Gruppen:

I. bis zum Ausgang des 4. Jahrhunderts,
II. aus dem 5. Jahrhundert,
III. aus dem 6. Jahrhundert,
IV. seit dem 7. Jahrhundert.

Nur eine Art der Quellen wird bei dieser Aufzählung fortbleiben und aufgespart werden müssen bis zur Behandlung der einzelnen Namen im Zusammenhange: die Münzen und Inschriften. Bei der Aufzählung der in jeder Quelle überlieferten Namen suchen wir gleichzeitig aus den etwaigen verschiedenen Lesarten diejenigen zu eruieren, welche vermutlich dem Autor selbst zuzuweisen und den Untersuchungen der späteren Capitel zu Grunde zu legen sind. Wo nichts besonders bemerkt, kann ohne weiteres diejenige Namensform, welche ausserhalb der die Varianten enthaltenden Klammer steht, als die dem Autor eigentümliche angesehen werden. Wenn einzelne Namensformen nicht im Nominativ, sondern in ihrem überlieferten Casus mitgeteilt werden, so geschieht das deshalb, weil auf die dem Autor eigene Nominativbildung nicht ohne weiteres geschlossen werden kann.

I. QUELLEN BIS ZUM AUSGANG DES 4. JAHRHUNDERTS.

Plinius der Ältere nennt um das Jahr 77 in seiner „historia naturalis" IV, 28 die

Vindili, al. Vandili, al. Vandilici; in dem Streit über

die Lesarten entschieden sich Sillig, v. Jan, Detlefsen, die Förderer der Textkritik des Plinius, für Vandili, was mit Tacitus übereinstimmt und durch Vandilici gestützt wird.

Tacitus führt in der „Germania“ (i. J. 98—99) c. II an die

Vandilii, al. Uandalii;

von den beiden Lesarten acceptierte Halm Vandalii, Orelli Vandilii; letzteres wählte auch Müllenhoff, entsprechend den nur wenig jüngeren Vandili des Plinius und im Anschluss an die überwiegende Mehrheit der Codices (Uandalii nur einmal in b).

Ptolemaeus, 138—161, giebt in seiner „Geographia“ II, 10 (11) (ed. Wilberg 1838, S. 151) die

Σιλίγγαι (*Λίγγαι*).

Dio Cassius, geboren um 155 zu Nicaea in Bithynien, schrieb römische Geschichte bis 229, seit 180 Selbsterlebtes, und überliefert uns folgende Namensformen:

72, 2 *Βανδῆλοι*; 77, 20 *Βανδίλοι*;

55, 1 [*τῶν*] *Οὐανδαλικῶν* [*ὄρων*], al. *Οὐϊνδελικῶν*,

die Entscheidung für *Οὐανδαλικῶν* liegt nahe (vgl. Dahn), obwohl die ganze Bildung gegenüber den beiden vorher citierten Formen auffällt; im ganzen ist die Frage für unsere Ziele bedeutungslos;

71, 12 *Ἄστιγγοι*; *Ῥᾶος*; *Ῥάπτος*.

Dexippus, der 269 über die Goten siegt und Geschichte bis 268 schreibt, giebt

19, 16 u. ö. *Βανδῆλοι*.

Dem 3. Jahrhundert (nach 271) gehört auch die uns leider nur in später Abschrift erhaltene Peutingersche Tafel an, jenes Verzeichnis der an der Heeresstrasse des weströmischen Reiches gelegenen Orte. Auf derselben sind verzeichnet die

VANDVLI.

Aus dem 4. Jahrhundert stammen

Jul. Capitolinus, de bello Marcomannico:

17: Vandali (Uuandali);

die notitia gentium:

Uandali;

Flavius Eutropius, gestorben etwa um 370:
144, 14: Vandali (Uuuandali, Uuandali).

II. QUELLEN AUS DEM 5. JAHRHUNDERT.

Die ersten Autoren dieser Reihe stehen noch auf der Scheide der beiden Jahrhunderte.

Claudius Claudianus, um 400, aus Alexandria, formgewandt und zuverlässig, schreibt „de bello Gildonico" [1] (ed. Jeep 1879) und giebt wiederholt

Stilicho, dazu die regelmässig wiederkehrende Variante Stilico, einmal Stilicon.

Eunapius, geboren 347, gestorben nach 405, griechischer Rhetor und Fortsetzer des Dexippus bis 404, erwähnt (ed. bonn.)

86, 11. 90, 1 u. ö. Στελίχων.

Die Fasti consulares (bei Roncallius II):

580. 581 Stilicho (Consul i. J. 400 u. 405).

Symmachus, in Rom, um 345—415, giebt in seinen Episteln stets

Stilicho.

Die bis 378 reichende Chronik des Hieronymus (331 bis 420) aus Stridon in Dalmatien, welche den ersten Grundstein aller mittelalterlichen Weltchroniken bildet, gewährt (ed. Vallarsi)

p. 344. 913 Wandali;
epist. 123, § 17 am Rande: Stilicon.

Claudius Rutilius Namatianus schreibt 416 „de reditu suo" und erwähnt

II, 41. 55: Stilicho.

Aus Paulus Orosius, der seine „adversus paganos historiarum libri VII" in den Jahren 417—418 in Afrika vollendete, ist zu entnehmen (ed. 1738)

---

[1] Dietrich S. 82 hat sich durch den Stamm des Namens Gildo verleiten lassen diesen Maurerfürsten, der im Jahre 398 die Würde des Comes Africae bekleidete, für einen Wandalen zu halten, was chronologische Gründe schon verbieten.

Vandali (Vuandali),

Stilico.

Es folgt Olympiodor aus der ersten Hälfte des Jahrhunderts, aus dessen Fragmenten (407—425) (ed. bonn.):

462, 1 Οὐάνδαλοι,

448 u. ö. Στελίχων.

Zosimus, ein eifriger Heide, um die Mitte des Jahrhunderts, in Constantinopel, schrieb eine Geschichte des römischen Kaiserreiches bis 410 und bietet (ed. bonn.):

Βανδίλοι,

p. 59 Ἴγιλλος (Ἰγγῖλλον),

der zwar nach dieser Stelle auch Burgunder sein könnte (vgl. S. 47 f.), hier aber stehen mag, weil Wackernagel ihn unter den Burgundern nicht anführt;

p. 260 f. Στελίχων.

Possidius nennt um 430 in seiner „Vita Augustini" ebenfalls die

Vandali.

Salvian, gestorben nach 498, aus Massilia, rühmt in seinem gegen 450 verfassten Werk „de gubernatione dei" die Sittenreinheit der

Wandali

(dazu 7, 46 das Adjectiv Wandalicus, al. Uuandalus).

Wäre das Werk des mauritanischen Bischofs Victor von Cartenna erhalten, so würde hier der Ort seiner Erwähnung sein. Gennadius, gegen 500 (s. S. 20), erwähnt ihn vir. ill. 77: „Victor, Cartennae Mauritaniae civitatis episcopus, scripsit adversus Arianos librum unum longum, quem Genserico regi .... obtulit" u. s. w. (Teuffel, „Geschichte der römischen Litteratur", S. 1089, 8). Nun citiert Marcus in seiner „histoire des Vandales" (Paris 1836) wiederholt „Victor Cartennensis apud Mientras schediasmata antiqua, Matriti 1653". Alle späteren Nachforschungen nach diesem Werk waren vergebens (vgl. Dahn, „Könige" I, S. XV), bis Hübner es in Madrid als noch ungedruckt, nur zum Druck fertig entdeckte in den „Tomas Tamayo de Vargas schediasmata Latina de rebus diversis" (vgl. Hübner in den Monatsberichten der Berliner Akademie, 1861, I, S. 529). Es ergab sich daraus mit Wahrscheinlichkeit, dass das angebliche Werk Victors eine spanische Fälschung sei, und die Erwähnung bei Gennadius ist das Einzige, was von Victor erhalten. Wäre die spanische Handschrift echt, so würde sie laut Marcus S. 415 Geisericus und S. 189. 411. Anhang 37 die eigentümliche Bildung „taihunhundafaþ" für das gotische „þûsundifaþs" (Ulf. Joh. XVIII, 12. Marc. VI, 21) gewähren; auf letztere kommen wir S. 60 kurz zurück.

Tiro Prosper Aquitanus, gest. 463, zog in Rom die Chronik des Hieronymus (bis 378) aus und setzte sie selbständig fort bis zum Jahre 455, dem Jahre der Einnahme Roms durch Geisarix, seit 425 nach eigner Anschauung. Von seinem Werke giebt es verschiedene Redactionen, wie einzelne Ergänzungen und Interpolationen beweisen. Aus ihm entnehmen wir (ed. Roncallius I):

635 u. ö. Vandali;

643 Stilico;

660 Geisericus (Gensericus), 661 u. ö. Geisericus, 675 zweimal Gensericus; demnach überwiegt Geisericus, wie auch in der später zu erwähnenden Augustanischen Bearbeitung (S. 24), obwohl das letzte von keiner Variante begleitete Gensericus auffällt und vielleicht aus einer späteren Ergänzung (s. o.) zu erklären ist.

Diese drei Namen finde ich im „chronicon Prosperi integrum". Dasselbe wurde jedoch ein so angesehenes und viel benutztes Werk, dass von ihm bald mancherlei Auszüge und Bearbeitungen entstanden, welche dann ihrerseits manche Zusätze und darin speciell für uns einige Namen hinzufügen. Dieselben sind jedoch sämtlich jünger und deshalb erst in der nächsten Gruppe aufzuführen.

Der Annalist Idatius, aus Gallicien, um 395–470, setzte in seiner Chronik gleichfalls den Hieronymus fort und zwar für die Zeit von 378—427 nach Anderen, von 427—467 nach eigenen Erlebnissen, dabei mit grosser Gewissenhaftigkeit (vgl. Papencordt S. 354); leider ist der Text öfter verderbt. Er gewährt (ed. Roncallius II):

15 u. ö. Wandali:

16. 18. 19 Silingi;

(19 Fredibalus, vgl. S. 52);
19. 22 u. ö. Gundericus:
22. 37 u. ö. Gaisericus;
47 Gentoni (Dativ).

In dem vielleicht von Idatius herrührenden Consulverzeichnis (bei Ronc. II):

98 Stelico (Stilico), 99 Stelico.

Mamertinus, um 470, gewährt im Paneg. II, 17, S. 201 (ed. 1779):

Vandali.

Desgleichen Apollinaris Sidonius, um 430—488, (ed. Baret, Paris 1879) immer

Vandălus (auch das Adj. Vandalicus).

Priscus, bekannt durch seine Gesandtschaftsreise aus Constantinopel an Attilas Hof 448, schreibt 433—474 und wird später von Malchus fortgesetzt; er giebt (ed. bonn.):

146, 13 u. ö. *Βανδῆλοι*;
152, 9 u. ö. *Γεζέριχος*;
157, 11 *Ὀνωρίχος* (vgl. Malchus),
219, 1 *Ὀνορίχος*.

Eben dieser Malchus schreibt weiter bis 480 und bietet gleichfalls (ed. bonn.):

235, 11 *Βανδῆλοι*;
240, 1 *Γινζιρίχος*;
239, 10 *Ὀνωρίχος*.

Es ist hier der Ort für die Quelle, der wir entnehmen

Varimadus,

den (mit absichtlicher Metathesis aus Marivadus umgeänderten) Namen eines arianischen Diakons; gegen ihn ist eine polemische Schrift gerichtet, welche unter den Büchern des Vigilius von Thapsus, der 484 verbannt wurde, mit abgeschrieben ist, aber nicht von diesem, sondern in Neapel verfasst sein soll (vgl. Dahn, „Urgeschichte“ I, 218); doch ist sie jedenfalls dem Vigilius in der Zeit gleichzusetzen.

Dass diese Streitschrift unter die Werke des genannten Vigilius, Bischofes von Thapsus, geraten, ist nicht wunderbar bei der häufigen pseudonymen Schriftstellerei desselben; als eifriger Katholik suchte er das wandalische Volk durch

Schriften gegen den Arianismus aufzuregen, die er — da er es offen nicht wagen durfte, — unter den Namen grosser katholischer Kirchenhelden, des Athanasius, Ambrosius, Augustin verbreitete. Ebenso natürlich ist es umgekehrt, dass dann später diese oder jene der pseudonymen Schriften unter die Werke des fälschlich als ihr Autor angegebenen Kirchenvaters geriet. Dies ist mit ziemlicher Sicherheit der Fall mit der „Collatio Beati Augustini cum Pascentio ariano", welche immer unter den Schriften Augustins als 178. Epistel stand. Dieselbe enthält den ebenso winzigen als wichtigen Sprachrest

„Sihora armen", d. i. „frôja armês",

einen wandalischen Gebetsanfang (Migne, „patrologia latina" 33, col. 1162). Man sehe bei Migne, col. 1153 ff. den Nachweis (Teuffel 469, 12), dass genannte Schrift dem Augustin abzusprechen und dem Vigilius zuzuweisen ist. Damit ist dann jeder Zweifel, dass obiges Citat wirklich wandalischer Zunge entstamme, gehoben. Wir gehen in den nächsten Capiteln ausführlich auf die beiden Worte ein.

Wir kommen zu einer ebenso wichtigen als reichhaltigen Quelle, zu dem Werke des Bischofes Victor von Vita in der afrikanischen Provinz Byzacena. Er hatte als Katholik von der unter Hunarix unternommenen heftigen Katholikenverfolgung viel zu leiden und schrieb 486 nach eignen Erlebnissen und nach eignem Urteil „de persecutione Wandalica". Besonders seine persönliche Beteiligung macht den Victor für uns so wertvoll, um so mehr, seit in den Mon. Germ. hist., auct. antiqu. III, 1 (1879) durch Halm uns eine so zuverlässige Ausgabe geschaffen. Zur genaueren Charakteristik des Schriftstellers sei auch auf Papencordt S. 366 ff. verwiesen. Da die Sprache Victors nichts weniger als classisch ist, so sollte man grade für die zahlreichen Namen annehmen dürfen, dass sie ohne Rücksicht auf orthographische Moden ganz nach dem üblichen Klange und nach eigner Auffassung aufgezeichnet wurden; das trifft bei einigen auch zu; bei anderen aber zeigen sich so absonderliche, sicher unwandalische Entstellungen, dass hier wahrscheinlich eine incorrecte Überlieferung vorliegt, was durch die bunten Varianten bestätigt wird. Wir finden

immer Wandali (Uuandali);

I, 2 u. ö. Geisiricus (bei weitem die häufigste Lesart neben den Varianten Geisericus, Geysiricus, Geysericus);

II, 1 Huniricus (Hunericus, Honoricus); II, 39 Hunirix (Huniricus, Hunericus, Hunerix), III, 71 Hunurici (Genitiv); dass in Hunirix die wandalische, der Latinisierung entbehrende Endung vorliegt, darüber vgl. S. 54.

II, 12. 14 Gentunis (Gen., al. Gentonis, Gentonium, Gentonii);

I, 44. II, 12 f. Theodoricus (Theodericus, Theudoricus, Teudoricus, Theodricus);

I, 35 Sersaoni, Dat., al. Sesaoni;

I, 41 Anduit (Andiot, Adduit, Aduit);

III, 33 Dagila (dagilium, dagilli);

II, 14 Godagis (als Acc., al. Godagisum);

II, 15 Heldica (Eldicius, Heldicus);

II, 15 Theucharia (Teucharia, Theucaria, Themaria);

II, 3. 41 Vitarit (als Acc., al. Uuitared, Iutarit; Uidaredum, Uicarium);

II, 15 Gamuth (als Acc., al. Camut, Canuit);

II, 43. 44 Obadus, al. Cubadus;

I, 48 Marivado (Ma+riuado, Mauridano);

II, 8. 22. 49. 53 f. Cyrila (Cyrileas, Cyrileis, Cyrilla, Cyrillus, Cirila);

III. 19 Hildirit (als Acc., al. Hilderit, Hilderith, Hilderidum).

Aus einer Zeit mit Vict. Vit., vielleicht sogar von ihm selbst rührt die „passio beatissim. martyr.“ her, welche gewährt (ed. Halm a. a. O.):

2: Huniricus (Hunericus);

Cyrila (Chirila, Cirila).

Es reiht sich gegen Ende des Jahrhunderts das sogen. Chronicon Cuspiniani (ed. Ronc. II) an, eine nach ihrem ersten Herausgeber (gest. 1529) so benannte Recension der Ravennatischen Annalen (bis 403) und Fortsetzung bis zum Jahre 496 von unbekanntem Verfasser, nur in einer Handschrift des 15. Jahrhunderts erhalten, aus der zu entnehmen:

123 Stilico;
Gesericus.

Es folgt der afrikanische Dichter Blossius Aemilius Dracontius. Er lebte in Carthago zur Zeit des Königs Gunthamund (484—496) und wurde von diesem ins Gefängnis geworfen, weil er wohl andre Gönner, doch nicht den König in seinen Versen gefeiert hatte. Hier im Kerker verfasste er nun, um den König zu versöhnen, sein Reugedicht in 158 Distichen, die „satisfactio Dracontii ad Gunthamundum Guandalorum regem", welche folgende Namen übermittelt:

in der citierten Überschrift: Guandali,
Guthamndus,
satisf. v. 22 Asdingūī,
v. 214 Ansila.

Wir schliessen das Jahrhundert mit Gennadius, dem presbyter Massiliensis, der 495 sein Buch „de viris illustribus" schloss, die Fortsetzung eines Verzeichnisses kirchlicher Autoren, welches Hieronymus begonnen (ed. Migne, patrol. lat. 58):

col. 1103 Gensericus.

III. QUELLEN AUS DEM 6. JAHRHUNDERT.

Petrus Magister, im Anfang des Jahrhunderts, aus Thessalonike, gewährt (ed. bonn.):

126, 15 *Οὐανδαλοί,*
124 *Ἄστιγγοι.*

Magnus Felix Ennodius, 473—521, aus Gallien, schrieb u. a. um 507 einen „panegyr. Theodorici", woraus zu entnehmen:

4, 10 Trasimundus.

Eine in Rom befindliche Handschrift des Hilarius ist 509 oder 510 in Afrika entstanden und giebt den Namen

Thrasamunds in folgender orientierenden Subscriptio (vgl. Reifferscheid im Bresl. Ind. lect. 1872—73, S. 2 f.):

„contuli in nomine domine Jesu Christi aput Kasulas constitutus anno quarto decimo Transamund regis".

In der Vita S. Severini, welche Eugippius als Abt in Neapel 511 schrieb (Mon. Germ. hist., auct. antiquiss. I, 2), steht:

36, 2 Stilicho (L), Stilico (VM).

Eine „generatio regum et gentium" entstand etwa 520 in Gallien und nennt die

Wandali (Guandali).

Es ist hier der Ort für eine Reihe von Autoren, deren Angaben von besonderer Wichtigkeit sind. Es sind die Dichter Florentinus, Flavius Felix, Luxorius, Etemund, „Tuccianus", Cato, deren Verse uns in der vielleicht durch einen von ihnen zusammengestellten lateinischen Anthologie (ed. Meyer 1835[1]) erhalten sind, und die alle am wandalischen Hofe zu Carthago schreiben und somit als Hauptvertreter litterarischer Thätigkeit in der Zeit der Könige Thrasamund und Hildirix (496—530) besonders zuverlässige Quellen sind. Wenn die Handschriften der Anthologie auch jünger sind, so beweisen doch verschiedene speciell wandalische Idiotismen, wie treu sie dem Original gefolgt sind.

Zunächst aus dem schwülstigen „Florentini carmen in laudem Thrasamundi regis" (ed. Meyer, ep. 290):

v. 30 [Carthago] Asdingis,

v. 2. 36 Thrasamundus.

Es schliesst sich an Flavius Felix (ep. 291—295), der armselige Sänger der von Thrasamund erbauten Bäder zu Aliana:

ep. 291, 7. 292, 3. 294, 2 Thrasamundus (in der Ausgabe von Riese dazu Varianten: Trasamundus; 293, 11 das Adj. Thrasamundiacus).

Der dritte ist Luxorius (ep. 296—384 und nach Meyers Vermutung auch ep. 1111. 1112. 1123—1126. 1132

[1] Diese Ausgabe liegt hier zu Grunde; die von Riese (1869) konnte ich später nur vergleichend und ergänzend heranziehen.

bis 1134. 946), der Martial der Wandalen und vielleicht Herausgeber der Anthologie. Hier ist dieselbe Vorsicht nötig, wie später bei Corippus, da ebenso viele fremdartige, wie germanische Bildungen erscheinen und die Gefahr nahe liegt, in germanischer Etymologie des Guten zu viel zu thun:

ep. 315. 316 Fridamal,

318, 5 Baudus,

337, 2 Blumarit,

343 Eugeti (Gen., al. Euangeli; über seine Identificierung mit Oageis (s. u.) im nächsten Capitel),

356 Oageis (zweimal: zuerst als Gen. mit der Variante Oagetis, dann als Nom.), 376 Oageis (als Gen.),

382 Fridi (Gen., daneben die wichtige Lesart Fridus), v. 49 Frido (Dat.),

383, 1 Hildrici (Gen., bei Riese die Varianten Hildirigi und Hildirici),

und vielleicht, wenn Meyers Vermutung richtig, aus

ep. 1112, 1 Vandalarice (Voc., bei Riese Nr. 215 Vandalirice).

Und die beiden Poeten endlich, welche uns nur in ihren Namen Wandalisches erhalten haben sollen; wenigstens hält Meyer sie für Wandalen (Anthol. S. XXXIII und 155), und ihm folgt Massmann (Zs. I, 384). Es sind (ed. Meyer)

Nr. 547 im Gen. Etemundis (Massmann nennt ihn Etesmund) und

Nr. 545. 546 Tuccianus (bei Riese die Variante Lucanus, bei Massmann wohl durch Druckfehler Tunian); der erstere wenigstens hat germanisches Gepräge, der Name des letzteren aber wird im nächsten Capitel sich als vermutlich unwandalisch erweisen.

Ausserdem finde ich in der Ausgabe von Riese (1869) in Nr. 387 das Gedicht eines gewissen Cato, woraus

v. 1 [rex] Hunerix (hunc rix).

Ep. 892 giebt das S. 74 erwähnte Akrostichon

Thrasamundus

und enthält v. 10 das Adj.

Vandalicus.

Flavius Magnus Aurelius Cassiodorius Senator, ungefähr 477—570, ist als vorzügliche Quelle sowohl für die gotische Geschichte im allgemeinen, als besonders für „gotische“ Namenforschung längst anerkannt. Er gab in höchst gesuchtem und floskelreichem Stil seine auf Prosper und den Ravennatischen Annalen beruhende Chronik (seit 496 nach eigner Kunde) 519, seine nur im Auszug des Jordanes erhaltene gotische Geschichte zwischen 526 und 533, die Sammlung der Schreiben aus der von ihm geleiteten Kanzlei Theodorichs, die formelhaften und schwülstigen „Variae“, deren Handschriften aber meist jung sind und dem 14. und 15. Jahrhundert angehören, spätestens 538 heraus und giebt folgende Namensformen:

in der Chronik (ed. Mommsen, Abhandlungen der Königl. Sächs. Gesellsch. der Wissensch. VIII):

z. J. 406 u. ö. Vandali (nur einmal dazu die Variante Vvandali);

z. J. 400 Stilicho, 402 Stilico, 405 Stilico (Stilicho), wonach anstandslos Stilico angesetzt werden darf;

z. J. 439. 440. 442. 455 Ginsericus;

in den Variae:

V, 43. 44 Vandali, V, 1 Vvandalii (?Varni); Vandali muss also als Cassiodors Schreibweise gelten;

IX, 1 die oft genannte Belegstelle für die Hasdinge (Hartunge), die jedoch bei ihrer völligen Verderbtheit nicht überschätzt werden mag; es schwanken folgende Lesarten:

has diuorum, Hasidirigorum, has Dingorum, has Dirigorum, has dignorum; darf bei derartiger Beschaffenheit des Textes eine Wahl überhaupt gewagt werden, so würde die dritte Form die für uns erwünschte sein, indem *u* und *ri* in der ersten und zweiten leicht aus *n* verlesen werden konnten; Weiteres auf S. 43.

I, 4 Gensericus,

V, 43. 44 Transmundus.

Es ist hier an der Zeit, auf die schon S. 16 erwähnten jüngeren Bearbeitungen der Chronik Prospers zurückzukommen. Ich verweise für alle Einzelheiten auf Holder-Egger im „Neuen Archiv der Gesellsch. f. ält. dtsch. Geschichtskunde“ I. 13—120, sowie auf Papencordt S. 357. Von letzterem ist jedoch das sog. „Chronicon imperiale“ oder „Pithoeanum“ (so benannt, weil es nach Regierungsjahren der Kaiser rechnet, resp. weil es Pithou zuerst edierte,) irrtümlich Prosper zugeschrieben; es umfasst die Zeit von 379—455, entstand aber später, wenn auch vor 533, in Süd-Gallien und ist ebenfalls eine Fortsetzung des Hieronymus (ed. Ronc. I):

747 u. ö. Wandali,
743 Stilico,
751 u. ö. Gensericus.

Um diese Zeit entstand dann in Afrika das „Prosperi chronicon Augustanum“ (so benannt nach der Augsburger Handschrift), eine fast wörtliche Bearbeitung und weitere Fortsetzung von Prospers selbständigem Abschnitte, schliessend mit der Zerstörung des wandalischen Reiches 534; sie entstand in ihrem letzten, die wandalische Geschichte behandelnden Teile jedenfalls in Carthago (vgl. Holder-Egger a. a. O. S. 279) und bietet deshalb unter Zuverlässigkeit (ed. Ronc. I):

683 u. ö. Wandali;
682 Stilico, 683 Stilicho;
695 Gisiricus und Gaisericus, 697 u. ö. Geisericus;
702 Gentunis (Gen., al. Gentonis, Genzonis, Pentonis, Pensonis; das *t* herrscht also vor; das *u* findet bei Vict. Vit. seine Analogie);
702 Hunerix, Gen. Hunerici;
691 Cyrillus;
702 Guntamundus (Gundabundus);
703 Trasamundus;
703 Hildrix;
704 Geilamer.

Die vaticanische Bearbeitung Prospers s. am Ende dieser Gruppe.

Es folgt der Illyrier Marcellinus Comes, der in Constantinopel seine 534 herausgegebene Chronik schreibt, die von 379—534 reicht und wieder eine Fortsetzung des Hieronymus ist (ed. Ronc. II):

286. 322 u. ö. Wandali (320 Vandali);
277 Stilicho,
331 Guntharius,
286. 292 u. ö. Gensericus,
301 Hunericus,
322 Gelimero (Abl., al. Gilimere),
325. 330. 331 Stotzas.

Eine weitere Quelle aus dieser Zeit ist erhalten in der um das Jahr 540 in Carthago entstandenen „Vita S. Fulgentii“, Bischofes von Ruspe, verfasst von einem seiner Schüler, vermutlich dem Diakon zu Carthago Ferrandus (Ferrandi opera c. not. Chifflet. Divione 1649). Dieselbe darf als recht zuverlässig gelten und giebt folgende Namen:

209 Geysericus;
213 Hunerici (Gen.);
237 Pinta;
242 Trasamundus;
242 Hilderici (Gen.).

Es schliesst sich die 549 oder 550 verfasste „Johannis“ des Afrikaners Corippus an, eine Verherrlichung des Feldherrn Johannes, der um diese Zeit im Auftrag Justinians die Mauren in Afrika bekriegte. Förstemann (Sprachstamm II, 190) hat schon darauf hingewiesen, dass ausser den uns bekannten Wandalennamen noch unter den Mauren hier manche Namen vorkommen, welche germanisches Gepräge haben und leicht aus einer Vermischung mit den letzten Wandalenresten herrühren können. Grösste Vorsicht versteht sich jedoch grade hier von selbst, wenn es sich für uns nicht um den Nachweis möglichen Wandalentums, sondern um die Ableitung wandalischer Idiotismen aus wirklich gesichertem wandalischen Sprachmaterial handeln soll. Es sei deshalb nur verwiesen auf Förstemann und besonders auf den exacten Index in der neuen Corippus-Ausgabe von Partsch (1879, Mon. Germ. hist., auct. antiqu. III, 2). An wirklichen Wandalennamen liefert die „Johannis“:

Vandalus (auch das Adj. Vandalicus);

II, 188 Geisirith (Gersirit, Geisirich), IV, 489 Geisirith (Gersirith), IV, 970 Geisirith (Geisirich), VI,

522 Geisirith (Grisirith), VIII, 372. 475: Geisirith; danach ist unzweifelhaft für Corippus Geisirith anzusetzen, und die Bemerkung Halms im Index zu seinem Vict. Vit. S. 80, dass Corippus meist Geisirich habe, bedarf der Berichtigung;

III, 198. 219 Hildimer (nil dimer);

I, 381. III, 17 Geilamir;

und vielleicht ausserdem (s. o.) III, 305 u. ö. Stutias;

III, 428 Guntarith (Cunctarit, Guntarich), IV, 222 Guntarith (Gyuntarich), IV, 240. 369 Guntarith (Zuntarich), IV, 426 Guntarith; auch hier herrscht die Endung -rith vor, wie oben in Geisirith;

IV, 525 Fronimuth (Fromínicth [am Rand Frominich]), IV, 1090 Fronimuth (Frommut), VI, 518 Fronimuth (Fronimith), VIII 377 Fronimuth (Fronimicth); ich setze ihn hierher mit Dietrich S. 44;

IV, 929 u. ö. Ariarith (VI, 535 al. Ariarit, VI, 649. 670 al. Ariarth), Dietrich S. 72.

Und nun zu Jordanes. Als „erster und einziger gotischer Schriftsteller, dessen Werke wir besitzen“, ist Jordanes in seiner ganzen Bedeutung von den Historikern wie von den Germanisten längst gewürdigt; in ersterer Beziehung sei u. a. auf Wattenbach („Deutschlands Geschichtsquellen im Mittelalter“ 2) I, § 5, in letzterer u. a. auf Dietrich S. 45 f. verwiesen; für alles Einzelne vgl. man das Prooemium zu Mommsens Ausgabe (1882, Mon. Germ. hist., auct. antiqu. V, 1), wo S. XXIII und LXX f. auch alle sonstige bezügliche Litteratur zu finden. — Jordanes, nach Mommsen Mönch in einem moesischen Kloster, nach anderen katholischer Bischof von Croton, vollendete im Jahre 551 seine Werke „de rebus geticis“ und „de regnorum successione“. Seine Wichtigkeit für den Historiker beruht vornehmlich auch darauf, dass er die verlorene Gotengeschichte des Cassiodor der seinigen zu Grunde gelegt hat. Für den Germanisten ist er vor allem eine ganz besonders zuverlässige gotische Namenquelle. „Was die Glaubwürdigkeit des Jordanes“, sagt Dietrich S. 45, „in Bezug auf die gleichzeitige und überlieferte Aussprache des Gotischen erhöhet, ist der Umstand, dass er in Moesien, und zwar unter Goten und Alanen lebend, als Notar ebenso gotisch als lateinisch hören und sprechen musste, und dass er in den Namen seiner Schrift mehrmals statt der lateinischen Endungen die gotischen beibehält". Und wenn Jordanes ein völliges Vulgärlatein schrieb, welches schon das Ohr seiner gebildeten Zeitgenossen beleidigte (vgl. Mommsen, Prooem. p. LXXII), so wird man auch in den Namen bei ihm — wenigstens soweit er sie nicht älteren Autoren entnahm, und soweit die Handschriften nicht von späteren Emendatoren heimgesucht sind (vgl. Mommsen a. a. O.), — eine sich ganz nach dem Gehör richtende Orthographie vermuten dürfen. Dietrich suchte den Jordanes zuerst in dieser Beziehung auszubeuten, musste dabei aber auf manches Hindernis stossen infolge des Mangels einer genauen, kritischen Ausgabe, so dass er für die oft verderbte Überlieferung seine Conjecturen in einen besonderen Anhang verweisen musste. Diesem empfindlichen Mangel ist heute abgeholfen durch die vortreffliche kritische Ausgabe Mommsens, mit welcher allen subjectiven Textkritiken im Jordanes ein Ende gemacht zu sein scheint. Was diese Ausgabe aber grade für uns so überaus wertvoll macht, das ist einmal Mommsens entschiedenes Festhalten an der Autorität der Handschriften auch in orthographischer Beziehung, und dann sind es die von Karl Müllenhoff besorgten Indices. Grade Müllenhoff hatte von jeher auf die germanische Namenforschung den allergrössten Wert gelegt, und hier giebt er selbst praktische Fingerzeige für eine systematische Behandlung derselben (vgl. beispielsweise seine scharfsinnige Unterscheidung, die wir oben S. 5 berührten); für alle ähnlichen Arbeiten werden von nun an diese Müllenhoffschen Indices ganz unentbehrlich sein.

Von speciell wandalischen Namen finden sich bei Jordanes:

immer Vandali (dazu das Adjectiv Vandalicus und folgende Varianten: Uuandali, Uuandeli, Uuandoli, Uuannali, Guuandali, Gandali, Uanculi, Uuandori, Uuadali);

87, 11 Asdingi (Asdringi, Ardingi, Aspingi), 81, 12 Astringi (vgl. Dietrich S. 101);

87, 11. 19 Visimar (Uuisumar, Uisumar, Uisurmar, Uisarma, Uuisimar);

41, 21 u. ö. Stilico (Istilico, Istiloco);

bald Gizericus, bald Gyzericus (daneben noch die Varianten Gysericus, Gisericus, Zigericus, Cyzericus, Gezericus, Gigericus, Gizerichus);

102, 13. 106, 9 Hunericus (Hunnericus, Unericus, Apericus);

102, 14 Gunthamundus (Guntamundus, Gundamundus, Gunthamandus);

102, 14. 135, 5 Thrasamundus (Trasamundus, Transamundus, Thrasimundus, Thramundus, Trassamundus, Transemundus);

102, 14 Ilderich (Hilderich, Hilderic, Hildericus);

48, 8. 102, 15 Gelimer;

51, 19 Guntharic [dagegen 81, 16 ein Gote Guntherieus];

48, 22. 51, 17. 22 Stotzas (Stotza).

Aus Johannes Laurentius Lydus, der bis 552 unter Justinian hohe Ämter bekleidete und dann, von diesem entlassen, sich der Schriftstellerei widmete und „de magistratibus“ schrieb (ed. bonn.):

167, 1 u. ö. *Βανδῆλοι*;

248 *ἄστιγγοι*;

166. 248 *Γελίμερ*.

Es folgt Procopius aus Caesarea, der in der alten Litteratur Trost gegen die Zustände der Gegenwart suchte, seit 527 Geheimschreiber des Belisar war und 558 starb. Er schrieb eine Geschichte seiner Zeit in acht Büchern, im dritten und vierten über den wandalischen Krieg, herausgegeben in den 50er Jahren des 6. Jahrhunderts. Wie nun aber Procop für die wandalische Geschichte die wichtigste, ja häufig die einzige Quelle ist, namentlich für ihre spätere Zeit, ebenso unzuverlässig ist er trotz seiner Reichhaltigkeit für unsere Zwecke. Procop ist eben griechischer Schriftsteller und giebt als solcher in der Behandlung fremder, zumal germanischer Namen an Freiheiten und Willkürlichkeiten keinem griechischen Autor etwas nach (vgl. S. 5); so geht ihm z. B.

jedes Organ für Diphthonge und, wie es scheint, auch für Quantität völlig ab, so dass seine Orthographie, wie die aller griechischen Quellen, nirgends Entscheidung bringen, höchstens hier und da zur Bestätigung dienen kann. Er übermittelt uns (ed. bonn.):

I, 312, 19 u. ö. *Βανδίλοι*;

I, 399, 7. 319, 9 *Γοδίγισκλος* (*Γωδίγισκλος*);

I, 323, 14. 325, 2. bell. Vand. 2, 24 *Γόνθαρις* [sowohl der Hasding als der spätere kaiserliche Befehlshaber von 545];

I, 323, 15 u. ö. *Γιζέριχος* (*Ζιγέριχος*);

I, 327, 15 u. ö. *Ὀνώριχος* (*Ὀνώριχος*, *Ὀνόριχος*);

I, 345, 15 *Γουνδαμοῦνδος*;

I, 345, 20 u. ö. *Τρασαμοῦνδος* (I, 349, 10 auch *Δρασαμοῦνδος*);

I, 349, 13 u. ö. *Ἰλδέριχος*;

I, 350, 10 u. ö. *Γελίμερ*;

I, 333, 17. 339, 15 *Γένζων*;

I, 333, 18 *Θεόδωρος*;

I, 351, 7. 383, 15 *Εὐαγέης*;

I, 349, 17. 351, 17 u. ö. *Ὀάμερ*;

I, 350, 10 *Γελάριδος* (Gen.; al. *Γειλάριδος*, *Γελιλάριδος*);

I, 384, 9. 386, 3 *Γιβαμοῦνδος*;

I, 383, 7. 385, 5. 398, 13 *Ἀμμάτας*;

(b. Vand. I, 24 *Φουσκίας*;)

I, 404, 19 *Γοτθαῖος*;

I, 361, 13. 403, 22 u. ö. *Τζάζων* (I, 430, 3 auch *Τζαόζων*);

b. Vand. 2, 14. 15 *Στότζας*.

Bedeutsamer könnte für uns das Werk des afrikanischen Bischofs Victor von Tunnuna sein. Es behandelt die Geschichte der Jahre 444—566 und hat die Chroniken des Hieronymus und Prosper zur entschiedenen Grundlage. Sein Werk ist speciell auf Afrika, zumal seine kirchlichen Verhältnisse berechnet, für die Geschichte der Wandalen also eine bedeutsame und stets benutzte Quelle. Als ausgezeichneten „Zeugen für die Namen der gleichzeitigen wandalischen

Könige und Häuptlinge" hat ihn schon Dietrich (S. 42) erkannt und ausgebeutet. Trotzdem ist er mit Vorsicht zu benutzen, denn die Handschriften (oder die Ausgaben?) zeigen mancherlei Schwankungen und fremde, vielleicht romanische Beeinflussungen. Im übrigen sei wieder auf Papencordt, S. 359 f., verwiesen. Man findet bei Victor (ed. Roncall. II):

immer Vandali;

364 Gardingi (Gadinges);

341 Gensericus, 362 Gisericus;

347 u. ö. Hunericus, 379 u. ö. Ugnericus, 343 Ugnericus (Hunericus);

354 u. ö. Gunthamundus;

354 Trasamundus;

362 Hilderic;

364 u. ö. Geilimer, 364 Gelimer;

364 Oamer (Acc., al. Oamerdigum);

363 Gebamundus;

364 Gunthimer;

371 Guntharith;

368 u. ö. Stuzas, 371 Stuza.

Aus Malalas, der in der zweiten Hälfte des 6. Jahrhunderts unter Justin II. schrieb, ist zu entnehmen (ed. bonn.):

372 u. ö. *Οὐάνδαλος*; (eine Handschrift hat statt *Οὐανδάλου ῥηγὸς*: *Οὐανδαλούριγος*, was zu dem Vandalaricus der lat. Anthol. (s. S. 22) passen könnte);

372 f. *Σινσήριχος*, *Ζινζήριχος*;

459 *Γιλδέριχος* (*Θευδέριχος*);

459 u. ö. *Γελίμερ* (460 al. *Γελίμαρ*).

Marius von Avenches schrieb wieder eine Fortsetzung des Prosper, 455—581, und starb 593 zu Lausanne (ed. W. Arndt 1878):

z. J. 460. 534 Vandali;

534 Gelimer.

Es folgt eine reichhaltigere, aber mit Vorsicht zu benutzende Quelle in dem Geschichtswerk des Franken Gregor von Tours. Er lebte 538 — 594 und schrieb seine fränkische Geschichte in drei Absätzen, die etwa den Jahren 577, 585, 590 zuzuteilen sind. Man müsste in seiner Namenschreibung auf manche fränkische Einflüsse gefasst sein; doch ist er gerade für unsere Zeit leichter zu benutzen, deren Darstellung er älteren Chronisten entnahm (Ausg. von W. Arndt in den Mon. Germ. hist., script. rer. Meroving. I, 1):

60, 30 u. ö. Wandali (Vandali);

(76, 19 Stilico, Citat aus Orosius);

75, 13 Godegisilus (Godigyselus, Godegiselus, Godigysilus, Godaeghisilus; aus einem Fragment des Renatus Profuturus Frigeridus);

60, 30. 61, 3 Gundericus;

62, 1 Honericus (Hunericus, Honerichus), 65, 9. 66, 5 Honoricus (Honericus); ausserdem 527, 17 die Bildung „persecutio Honorificiana" (Honoficiana, Honorificetiana);

57, 4 u. ö. Cyrola (Cirola, Caerula, Circola, Cerula, Cirula, Cyrula);

61, 3 u. ö. Trasamundus (Transimundus, Trasimundus, Trasemundus);

66, 8 Gelesimeris (Gelesimiris, Gelesimires, Gaelesemerus);

66, 7 Childericus.

Ein „chronicon breve" unbekannten Verfassers giebt Ronc. II. Es ist zusammengeschrieben aus Idatius, Marcellinus Comes, Vict. Tunn. u. a. und mit Ronc. gegen Ende des 6. Jahrhunderts anzusetzen:

257 Vandali;

257. 262 Honoricus (Chonoricus);

262 Transamundus;

263 Heldericus;

264 Gelismer.

Zu den Byzantinern gehört Menander, der gegen 600 in Constantinopel schrieb (ed. bonn.):

283, 4 *Γελίμερ*.

Den Schluss dieses Abschnittes mögen der schon S. 24 erwähnte vaticanische Auszug des Prosper und das sogen. „Auctarium Prosperi" machen, die jüngsten Bearbeitungen von Prospers Chronik (S. 16) (ed. Ronc. I):

712 Vuandali, 713 Wandali, 715 Vandali;

711 Stilico;

720 Gesiricus (Gensericus); 717 Gensericus, Gesericus (Gensericus);

726 Hunirícus.

IV. QUELLEN SEIT DEM 7. JAHRHUNDERT.

Die letzte Gruppe wird eröffnet durch das „Chronicon paschale", welches nach dem Herausgeber Du Fresne du Cange einen ersten Abschluss 354, einen zweiten 624 fand, aber dann noch viel jüngere Erweiterungen (bis 1042) erfuhr (Wietersheim-Dahn, „Geschichte der Völkerwanderung" I, S. 565, 1):

315 Οὐάνδαλοι;

320 Ζινζίριχος, 315 Ζινζίρηχος;

320 Ονώριχος.

Isidor von Sevilla, der hier als Bischof 636 starb, schrieb, ganz zugethan den Westgoten, um 621—626 seine „historia Gotorum, Wandalorum, Sueborum", welche durch die Handschriften in einer kürzeren (621) und einer ausführlicheren (626) Gestalt überliefert ist, wenig Originalwert besitzt (vgl. Papencordt S. 392 f.) und für unsern Zweck gewährt (ed. Ronc. II; Bouquet II; ed. 1601 [1]):

Ronc. II, 454 Wandali (Vandali);

ed. 1601, S. 402, 2, H: Silingi (Vandali cognomine Silingi);

Bouqu. II, 703 Stilico;

ed. 1601, S. 403, 1, a: Gundericus, Geisericus, Hunnericus, Gundamundus (al. Gutamundus, Gundemarus);

ed. 1601; Ronc. II; Arevalo: Trasemundus;

Ronc. II, 457 Childericus (Eldericus, Hildericus), ed. 1601, S. 403, a, 2: Hildiris (Hildericus) und im Acc. Hildirim;

---

[1] Die Ausgabe von Arevalo (1803) giebt in den Namen absonderliche Formen mit bunten Varianten; dieselbe ist ohne kritischen Wert, weshalb wir von ihren Angaben absehen.

ed. 1601, S. 403, 2, b Gilimer;
(ed. Arevalo, S. 134 Gebamundus,
Guntemir [Gunthimer]).

Die „origo gentis Langobardorum", eine um die Mitte des 7. Jahrhunderts geschriebene und nur fragmentarisch erhaltene Chronik, welche Paulus Diaconus für die älteste Langobardengeschichte vorgelegen hat (s. u.), ist herausgegeben in den Mon. Germ. hist., leg. IV, 641. Grade die besten Handschriften der langobardischen Gesetze überliefern sie uns nicht; die Entstellungen, auch in den Namen, sind so zahlreich, dass von Zuverlässigkeit dieser Quelle keine Rede sein kann, was dementsprechend auch für die Entlehnungen des Paulus Diaconus aus derselben zu gelten hat. In ihr finden sich:

642, 11 Ambri (al. Imbriū). 642, 18 Ambri (al. Multi, corr. Ambri, Imbrii);

642, 12 Assi (al. Tassit, Taffit), 642, 18 Assi (al. Tassit, Taffit).

Das rohe Geschichtswerk, welches unter dem Namen des Franken Fredegar geht, die um 660 in Burgund geschriebene „historia Francorum" (ed. Bouqu. II), giebt:

(464 u. ö. einen angeblichen Wandalenkönig Chrocus, der aber vielmehr ein Alemannenherrscher ist, wie der Chrocus Alamannorum rex bei Greg. Tur., Bouqu. II, 148, c. 149, a; vgl. schon Marcus, „histoire des Vandales", S. 89 des Anhangs, und Migne im Index zum Greg. Tur.)

464 Honericus,
Trasemundus,
Childericus,
Cyrola.

Die „series regum Gotorum" (Bouqu. II) stammt aus dem Kloster von Moissac bei Toulouse und geht bis 710:

704 Silingui.

Correct ist in der Wiedergabe gotischer Namen Paulus Diaconus, der um 725–797 lebte und seine römische Geschichte (Mon. Germ. hist., auct. antiqu. II), eine Bearbeitung und Fortsetzung des Eutrop, vor 774, seine langobardische nach 787 schrieb (Mon. Germ. hist., script. rer. ital. et langob.). Die letztere gewährt:

Wandali;

S. 46 Ambri, 52 Ambri (Cambri);

46 Assi (Tassi, Assiam, Asiani), 52 Assi (Asi); jedoch sind diese Angaben, wie die ganze langobardische Ursage bei Paulus, nur entnommen aus der oben citierten, unzuverlässigen „origo gentis Langobardorum“;

62 Gelismero (Abl., al. Gelismelo).

In der ersteren stossen wir auf:

195, 12 u. ö. Wandali;

192. 193 Stilico, 194 Stilicho, 195 Stilico (Stilicho);

198 u. ö. Geisericus (Genserigus, Gensericus, Genserichus);

215. 216. 217 Hunuricus (Honericus, Honoricus, Hunericus, Hononrichus);

207. 217. 218 Transamundus (Trasamundus, Transeamundus, Transmundus, Transemundus);

207. 218 Hildericus (Hildiricus, Heldericus);

221, 5 (XVI, 14) Gelismerum (Acc., al. Gelisimerum, Legismerum);

223 Guintarit (Guintharith, Uuintarith, Uuintharit, Guntarius, Guntarith, Guntaricus).

Aus der „Chronographia“ des byzantinischen Chronisten Theophanes, der gegen 820 auf Samothrake starb, sind zu entnehmen (ed. bonn.):

Οὐανδῆλοι (dazu S. 287 *Οὐανδαλικοὶ πόλεμοι*);

146 *Μοδίγισκλος*, al. *Γοδίγισκλος*, 287 *Γογδίγισκλος*;

146 *Γόνθαρις* (*Γότθαρις*), 287 *Γόγδαρις*;

146 *Γιζέριχος* (*Γηζέριχος*);

Ὁνώριχος;

288, 2 *Γονδαβοῦν*;

Τρασαμοῦνδος (*Τρισαμοῦνδος*);

Ἰλδέριχος;

Γελίμερ;

Γεήσωνος (Gen.);

63 u. ö. Κύριλλος;

296 Ἀματᾶς;

289 Εὐαγέτης (Εὐαγέης);

289 Ἄμερ (Ἀμεργοῦς);

292. 301. 303 Τζάτζων (zum Acc. Τζάτζονα 301 die Varianten Τζόνα, Στζόνα, Στέζονα).

Eine „collectio chronographica collectore quodam Gallo Caroli Magni temporibus" in Henrici Canisii lection. antiqu. (1602), II, bietet:

(659 Crocus, 660 Chrocus, über den oben S. 33 zu vgl.)

660 Trasemundus (hier als Führer der Wandalen nach Spanien);

660 Hynericus, Honoricus;

661 Childericus;

661 Childemerus [d. i. Geilamir, bei Migne als Childemeris]. 664 Gildimer;

660 Cyrola.

Eine im Kloster von Moissac bei Toulouse verfasste Chronik (chron. Moiss., Bouqu. II) reicht vom 4. Jahrhundert bis 840 und gewährt:

648 Wandali cognomento Silingi;

Stilico;

649 Gundericus;

Fredobadus.

Endlich aus der sogen. „Historia miscella", einer zwischen 977 und 1026 durch Landolfus Sagax vorgenommenen Erweiterung der historia romana des Paulus Diaconus, stehen zu Gebote (Mon. Germ. hist., auct. antiqu. II):

fünfmal Wandali, fünfmal Guandali, achtmal Vandali;

355, 2 Stilicho;

358, 37. 359, 10 Modigisclus;

359 Gontharius;

359, 10 u. ö. Genserichus (Gensrichus);

370, 23 u. ö. Gelimer;

372, 13 Ztatzonis (Gen.).

DIE WANDALISCHEN SPRACHRESTE.

Wir treten im folgenden an die Behandlung der einzelnen Sprachreste heran. Nachdem im vorigen Abschnitt die Quellen mit ihren Überlieferungen im Zusammenhange aufgezählt, handelt es sich jetzt darum, den einzelnen Namen mit Hinzuziehung der verschiedenartigen Schreibweisen aller seiner Quellen auf die specifisch wandalische Gestalt zurückzuführen und ihn danach lautlich und etymologisch zu erklären. Freilich manche Namensform, namentlich aus den früheren Epochen, wird begegnen, welche noch keine befriedigende Deutung gefunden hat, und welcher, wenn sie nicht überhaupt unwandalisch, blosse Vermutungen, nichts weiter, entgegenzubringen waren; es dürfte kaum ein philologisches Gebiet geben, auf welchem J. Grimms „Mut des Fehlens“ mehr berechtigt wäre als auf dem der Namenforschung.

Dieser Teil schafft also das Material für den letzten, für den Versuch einer zusammenhängenden Darstellung vermutlicher Charakteristika der wandalischen Mundart. Wir gehen dabei die Sprachreste nach ungefährer Chronologie durch.

Vorher einige orthographische Bemerkungen. Wenn es auch durchaus wahrscheinlich ist, dass die Wandalen die Bibel in ulfilanischer Gestalt gebraucht haben, so ist damit noch nicht festgestellt, inwieweit dieselbe sprachlich wandalisiert war; das gilt namentlich für die Orthographie. Wenn die Wandalen für den gotischen Diphthong *ai* ihrerseits *ei* gebrauchen, dann ist es zweifelhaft, wie sie die ulfilanische Länge *ei* von der entsprechenden Kürze *i* graphisch unterschieden haben. Wenn die lateinischen Schriftsteller das got. *k* durch *c* wiedergeben, die Münzen der wandalischen Könige aber ein „*K*arthago felix" aufweisen, so entstammt letzteres dennoch eher lateinischer als wandalischer Orthographie (Seelmann, „die Aussprache des Latein", S. 337), und für das Wandalische ist nichts zu erschliessen. Ebenso mag das *x* (wie auf den Münzen des Königs Hildirix) für got. *ks* ebenso lateinische als wandalische Schreibart sein. Trotzdem liegt es sehr nahe, die beständig auf die Wandalen eindringende Romanisierung (s. S. 8) früher auf orthographischem als lautlichem Gebiete in grösserer Wirksamkeit zu suchen. Wir sind deshalb im folgenden bei der lateinischen Schreibweise geblieben und gebrauchen *î* für ulfilanisches *ei*, *ei* für ulfil. *ai*, *ng* für *gg*, *c* für *k*, *x* für *ks*, *th* für *þ*, *s* (inlautend) für *z*; nur lat. *v* differenzieren wir natürlich in *u* und *v (w)*, lat. *i* in *i* und *j*.

Und noch eins zur Verständigung. Wenn uns im heutigen Gebrauch z. B. eine Namensform wie „Gaiserich" geläufig ist, so zeigt diese Umbildung des Namens eine Inconsequenz: die im Auslaut beliebte Verschiebung ist im Inlaut unterblieben, zu erwarten wäre hochdeutsch „Gêr(e)rich". Ähnlich geht es uns mit unzähligen Namen. Wenn es auch schwer sein wird, hier einmal für Historiker und Philologen eine correcte Einheit herzustellen, so war es doch für die vorliegende Abhandlung geboten, consequent zu sein und überall — auch in den geschichtlichen Abschnitten — die rein wandalische Namensform, also z. B. „Geisarix", zu gebrauchen.

WANDALEN.

Es liegt auf der Hand, dass eine Namensform, je höher sie in die alte Zeit hinaufragt, etymologisch desto dunkler und wissenschaftlich umstrittener ist. Das gilt besonders für die Gesamtnamen des Volkes, welche uns zuerst beschäftigen sollen. Der Name des Individuums tritt mit diesem auf und zurück und findet seine Erklärung im Sprachstande einer bestimmten Epoche, der Name des Volkes begleitet dasselbe seit dunkler Vorzeit durch alle Epochen, sein Ursprung gehört vielfach nur einem mythologischen oder durch Vergleichung erschliessbaren Zeitraum an. —

Betrachten wir zunächst den Anlaut des Wandalennamens, so giebt er mit seiner orthographischen Entwickelung in seinen lateinischen Quellen recht deutlich den Weg an, wie das lateinische *v* in den germanischen Eigennamen sich allmählich zu dem phonetisch genaueren *w* gestaltet, worauf wir im nächsten Capitel näher eingehen. Wir treffen in den ältesten Quellen bis zu Hieronymus (um 400) ausschliesslich das lateinische, ungenaue *v*, wie auch der Kaiser Constantin auf einer Inschrift den Titel „*V*andalicus" führt (Müllenhoff, Zs. XII, 256). Im 5. Jahrh. wird der Gebrauch ein schwankender, und eine Inschrift, welche die Abtretung Lilybaeums durch Theodorich an Thrasamund behandelt (von Walter im 17. Jahrh. auf einer Porphyrsäule zu Marsala gefunden und in seinen grossgriechischen und sicilischen Inschriften S. 143 wiedergegeben), gewährt noch: „FINES INTER *V*ANDALOS ET goThos MIL IIII". Aber mit dem 6. Jahrh. ist das *w* allgemein durchgedrungen, abgesehen von den absichtlich latinisierenden Schriftstellern. (Das *gu* der Guandali im Cod. vatic. des Dracontius und in der Vita Vigilii zeigt Romanisierung.)

Im weiteren ist die zweite Silbe des Namens von grammatischem Interesse. Die „Wenlas" des ags. Wandererliedes (59) und die „Wendlas"[1] des Beowulfliedes (348) sind nach Grundtvig und Bugge nicht mit den Wandalen zu identificieren, bleiben also ausser Betracht (vgl. Bugge in der Zs. f. dtsch. Phil. IV, 197 und Dederich, „histor. u. geogr. Studien z. ags. Beowulfliede", Köln 1877, S. 55)[2]. Wichtig

---

[1] Daher für die weitere Namenaufzählung ebenso ihr Führer Wulfgâr.

[2] Ebenso ist auch sonstiges, vereinzeltes Auftreten des Wandalennamens für unsere Ziele ohne Bedeutung, und es sei deshalb nur citiert Müllenhoff in den „Nordalbingischen Studien" I, 134 (über Wandalen im Norden) und Förstemann, „Namenbuch" I, 1252 f. und „Sprachstamm" II, 184—186.

sind dagegen Plin. und Tac., wenn hier auch unser Volksname noch nicht zur Bezeichnung des einzelnen, politisch selbständigen Stammes, sondern eines germanischen Völkerbundes dient, dessen Gesamtname nach der Völkerscheidung auf unsre Wandalen übergegangen ist (vgl. S. 6). Plin. und Tac., die Vertreter des 1. Jahrhunderts n. Chr., geben Vandil-; es schliesst sich die Tabula Peuting. aus dem 3. Jahrhundert an mit Vandul-; und mit dem 4. Jahrhundert wird bei den Lateinern Vandal- das Ausschliessliche. So giebt dieser Volksname ein prächtiges Beispiel für die Stammabstufung, welche zuerst Paul (Beitr. VI, 226 ff.) behandelte. Es ist dieselbe Erscheinung, wie wenn im An. neben einander vaþall — vǫþull — vaþill erscheinen, wenn die wandalischen Hasdinge den Hartungen der Heldensage entsprechen u. s. w., eine Erscheinung, welche schon urgerm. und im Wesen mit dem Ablaut identisch ist. Jedoch würde es verfehlt sein, aus den drei Suffixstufen unseres Namens chronologische Schlüsse zu ziehen, denn das älteste Vandil- des Plin. und Tac. findet sich auch später in einem Goten Wandil (Cass. Var. 3, 38), Vandiliarius (Jord. 77, 4, sonst bei ihm Vandalarius) und in den gr. *Βανδίλοι* (Müllenhoff, Jord. 144). In der historischen Zeit der Wandalen ist der Stamm Wandal- constant geworden; das ist insofern zu beachten, als in den Ableitungen mit dem (meist deminutiven oder hypokoristischen) Suffix *-l-* der Mittelvocal *a* im Got. überaus selten ist, im Gegensatz zu den Vocalen *i* und *u* (vgl. schon Grimm, Gramm. II, 98 ff.); wir haben ihn nur noch in got. slahals, saiwala, Amal, wobei interessant, dass, wie zu den Wand*a*li die Vand*u*li stehen, statt slah*a*ls der Cod. A slah*u*ls hat, dem got. saiw*a*la ein ags. sâw*u*l entspricht, die Amaler in der späteren Sage als Am*a*lunga wie als Am*u*lingas erscheinen.

Wandala-ricus, Ehrentitel für König Hildirix (s. S. 22), eine grammatisch reine Composition, giebt im ersten Bestandteil den *a*-Stamm und damit den Nom. Pl., got. Wandalôs. Die Vandilii des Tac. (Germ. II) zeigen noch ein besonderes, ableitendes *i*, weil ihm an dieser Stelle directe Ableitung aus ihrem Heroen (Vandils; Grimm, G. d. d. S.[1], S. 775) vorschwebt.

Die griechische Schreibweise kommt in ihrer gewöhnlichen Mannigfaltigkeit nicht in Betracht. Die Formen *Βανδηλοι, Βανδιλοι, Οὐανδαλοι, Οὐανδηλοι* erscheinen, ohne dass sich irgend welche zeitlichen Unterschiede feststellen liessen. Das anlautende gr. *β* entspricht ganz dem labialen Spiranten, lat. *v*. Die Form *Οὐανδαλοι* scheint dagegen die genaue Übertragung des lat. *W*andali, mit „halbvocalischer“ Charakterisierung des Anlauts. Es entsprechen sich ferner *Βανδιλοι* (mit Etacismus *Βανδηλοι*) und Vand*i*li, *Οὐανδαλοι* und Wand*a*li, und *Οὐανδηλοι* entstand durch Vermischung beider Formen.

Über die Etymologie ist schwer zu entscheiden. Zeuss (S. 57) deutet auf die Verba windan (winden), wandjan (wenden), wantalôn (wandeln), ebenso Grimm (G. d. d. S.[1], 475). Förstemann („Sprachstamm“ II, 187) denkt im Anschluss an die Veneti, die keltischen Vindelici, die slavischen Vinidi an eine Entlehnung aus vorgermanischer Zeit.

HASDINGE.

Bis zum Jahre 416 war der Name der Wandalen eine Gesamtbezeichnung für mehrere, vermutlich zwei Stämme: die Hasdinge und die Silinge, welche je ihren besonderen König hatten; das Königshaus der ersteren trug mit seinem Volke den gleichen Geschlechtsnamen, eben Hasdinge (vgl. Dahn, „Urgeschichte“ I, 148; die genauere Entwickelung des Gesagten, die Sonderung zwischen einem hasdingischen Königsgeschlecht und einem hasdingischen Gau s. Dahn, „Könige“ I, 183 f.). Als die Territorialverhältnisse durch die Wanderungen grosse Veränderungen erfahren, verschwindet auch der Gauname der Hasdinge: aber der Name des hasdingischen Königshauses bleibt bestehen und blüht weiter. Und als in Spanien die Silinge nach dem Ende ihres Königs Fridubalth im Jahre 416 auf einen eignen neuen Herrscher verzichten, dehnt sich die Herrschaft der Hasdinge über das ganze Wandalenvolk aus. Dem Beispiel der Silinge folgen zwei Jahre später die Alanen nach dem Tode ihres Königs Atax: und so war aus den Hasdingen, Silingen, Alanen ein grosses Volk zusammengeschmolzen unter dem einen Scepter der Hasdinge. Diese Hasdinge führten das Volk 429 nach Afrika, das hier gegründete Wandalenreich im Laufe des 5. Jahrhunderts zu seiner Blüte, 534 in seinen Tod. Weiter leben sie fort in der Heldensage, wo die Hartunge (= Hasdinge) mit ihrem Namen ganz für die Wandalen eingetreten sind, wie ebenso die Amalunge, das Königsgeschlecht des Theodorich, für die Goten.

Der Hasdingenname erschien in folgenden sieben Quellen:

Dio Cass. 71, 12: *Ἄστιγγοι*,
Dracont. v. 22: Asdingui,
Petr. Mag., 124: *Ἄστιγγοι*,
Florent., v. 30: Asdingis (als Adj.),
Cass. Var. IX, 1: vielleicht Hasdingi,
Jord. 87, 11: Asdingi, 81, 12: Astringi,
Lydus, 428: *Ἄστιγγοι*.

So geben die drei Griechen gleichmässig *Ἄστιγγοι*, obwohl Dio Cass. und Lydus gegen 400 Jahre aus einander liegen; aber es sind eben Griechen, die grade in derartigen Fällen meist auf Entlehnung und Tradition angewiesen waren, im Gegensatz zu vielen Lateinern, die solche Namen noch selbst hören. Und wenn unter letzteren Dracont. und Florentin., zwei Dichter, welche kurz nach einander um 500 am wandalischen Hofe zu Carthago lebten und sangen, dasselbe durch keine Variante bezweifelte Asd- aufweisen, so werfen sie dadurch jene drei Griechen mitsamt ihrem Ast- über den Haufen. Freilich Cass. und Jord. verlassen uns hier; die Stelle bei Cass. ist ganz verderbt (vgl. S. 23); Jord. giebt 87, 11 richtig Asdingi, wo auch die Varianten das *d* bewahren, aber 81, 12 findet man ohne Variante Astringi; Dietrich hat (S. 110) durch die passenden Analogien Agrivulfus — Agivulfus, Aestri — Aesti bei Jord. das *r* richtig gestrichen, dann aber bleibt Astingi. Jedoch jene zwei wandalischen Dichterstellen sind überzeugend, und bedenken wir unter Vorwegnahme des folgenden etymologischen Resultats den schwachen Hauch des *h* und seine häufige graphische

Tilgung in den Namen (s. nächst. Cap.), so ist ohne Zweifel richtig anzusetzen Hasdingi, got. Hazdiggôs.

Über das patronymische -inga-, das im Got. noch in gadiliggs und skilliggs vorliegt, vgl. Grimm, Gramm. II, 349 ff. (Das gu in den Asdingui des Dracont. ist romanisch; ebenso in den Silingui der „series reg. Got.") —

J. Grimm hatte in der Gramm. (I, 126. 1070) got. azd- mit ahd. art (genus, nobilitas), das got. azdiggs mit ahd. arting in Verbindung gebracht. Dem schloss sich Zeuss auf S. 461 seines Buches an: „Astingi, genauer Asdingi, got. Azdiggôs; der Name, von der Wurzel got. izdan (welche nach S. 73 auch in den Istaevones), aus welcher altn. edda, ahd. ort (Spitze) mit Übergang des z in r und unser Art, wäre ahd. arting und verhält sich in seiner Bedeutung wie altn. konungr, ahd. chuninc (König) aus altn. konr (nobilis), got. kuni, ahd. chunni (genus)". Eine neue Ableitung stellte Grimm in der „G. d. d. S." [1], S. 448 auf: got. Hazdiggôs (den Anlaut nimmt er nach der Stelle bei Cass.) wären = capillati, an. Haddîngjar, ahd. Hartungâ, Hertingâ, ags. Heardingas. Müllenhoff acceptierte (Zs. XII, 347) diese letztere Erklärung Grimms; und dieselbe galt dann auch für feststehend, bis Dahn („Urgeschichte" I, 148, 1) und selbst der vielgerühmte Index zur neuen Jordanes-Ausgabe jüngst für die „Asdingi" nach obiger Stelle bei Zeuss, d. h. Grimms erster Erklärung in der Gramm., welche längst für abgethan galt, zurückgreifen und damit eine neue Widerlegung derselben herausfordern. Freilich trägt dieser Hinweis im genannten Index nicht, wie die übrigen Namendeutungen, den ausdrücklichen Autornamen Müllenhoff! —

Zeuss a. a. O. stellt das got. *azda- zu got. izdan und bringt es auf an. edda, ahd. ort (Spitze) und ahd. art, arting. Zwei Wurzeln sind hier zusammengeworfen: ahd. ort weist nicht auf got. *azda-, sondern got. *uzda-, wozu an. nicht edda, sondern oddr (Spitze) gehört; es bliebe noch ahd. art, das auch Grimm in der Gramm. ansetzt: jedoch das *r* in art erscheint als ursprünglich, nicht als aus *s* (*z*) verschoben, und ahd. art (vgl. Kluge, „etymologisches Wörterbuch der deutschen Sprache", Strassburg 1884, S. 10) geht zurück auf eine altgerm. und westar. Wz. ar „pflügen“ oder auf lat. ars. Damit fällt diese erste Ableitung Grimms.

Nun hat Kuhn in seiner Zeitschrift (XI, 372) nachgewiesen und Bechtel (Zs. f. d. A. XXI, 214 ff.) erschöpfend belegt und zu erklären versucht, dass dem idg. *st* in einigen Fällen got. *zd*, an. *dd*, ags. alts. *rd*, ahd. *rt* gegenüberliege, in Fällen, welche mit Bechtel sämtlich ursprüngliche, mit Suffix *tá* direct aus der Wurzel geformte Participialbildungen sind. Alle diese Lautbedingungen sind erfüllt in Grimms späterer Erklärung (G. d. d. S.; Müllenhoff Zs. XII, 347): got. Hazdiggôs = capillati = Männer mit Frauenhaar (Müllenhoff), an. Haddîngjar, ahd. Hartungâ, Hertingâ, ags. Heardingas. Diese Ableitung führt auf ein got. *hazda, an. haddr, ags. heord (Bechtel a. a. O.), „langes, weibliches Haar“; und das ist jener weibliche Schmuck, den nach Tac. der Priester trug, welcher dem Dioskurendienst der Wandilier vorstand![1] Damit ist das anlautende *h* in den etwaigen Hasdingen bei Cass. gesichert.

Von sonstigen Etymologien sei noch die bei Diefenbach („vergleichendes Wörterbuch der gotischen Sprache“, Frankfurt 1851, S. 76) erwähnt, der an aistan (achten) denkt, worin jedoch das st als die feste, der Verschiebung entbehrende Consonantengruppe anzusehen ist, und die von Marcus („histoire des Vandales“, Anh. S. 2, Note 19), wo die „Asdinge“ mit dem Wandalenführer Assi bei Paul. Diac. in Zusammenhang gebracht werden.

Noch wenige Worte über die Hartunge[2] der Heldensage. Die massgebenden Forschungen Müllenhoffs fasst Scherer („Gesch. d. dtsch. Litt.“ S. 129) zusammen: „Die heidnischen Wandalen verehrten, wie wir wissen, ein göttliches Brüderpaar, welches, einer scharfsinnigen Combination von Karl Müllenhoff zufolge, nach dem Untergange der heimischen Religion als Könige der Wandalen unter dem Namen der Hartunge in Liedern fortlebte“. Dieser Satz

---

[1] Gleichzeitig ein weiterer Beweis für die „wandilische“ Abstammung der Wandalen — gegen Zeuss (s. o. S. 6, Anm. [2]).

[2] Über das *u* der zweiten Silbe vgl. o. S. 39).

bedarf der Präcisierung. Das Brüderpaar lebte nach Einzug des Christentums als Hartunge, Hasdinge nicht nur in Liedern, sondern auch thatsächlich in der Geschichte weiter. Die Wandalen wurden Christen und zwar Arianer spätestens in Spanien, also bis 429. Aber trotzdem finden wir den Hasdingennamen während der ganzen christlichen Wandalenzeit, eben zur Bezeichnung des regierenden Königshauses, so bei den wandalischen Dichtern, so bei den Historikern, zuletzt noch bei Lydus in der zweiten Hälfte des 6. Jahrhunderts. Es ist wahrscheinlich — darauf deutet die Etymologie des Wortes —, dass schon wandalische Heldenlieder den Namen des Königsgeschlechtes in verherrlichenden Versen auf jene altheidnischen Stammgötter zurückführten. Aber von dieser wandalischen Nationalpoesie ist uns unmittelbar nichts erhalten, und nur das historische Weiterbestehen des Hasdingennamens vermittelt uns das Verständnis für die Hartunge in der Heldensage.

SILINGE.

Der andere wandalische Stamm, der der Silinge, spielt in der Geschichte des Volkes und demgemäss in der Überlieferung lange nicht eine solche Rolle, wie der Stamm der Hasdinge. Dieser scheint von je her der bedeutendere gewesen zu sein. Regelmässiger treten die Silinge nur während der Zeit der Wanderungen von Deutschland über Gallien nach Spanien auf. Bei der 411 durch das Los vorgenommenen Verteilung der spanischen Provinzen unter die Eingewanderten fiel den Silingen die Landschaft Baetica zu. Als aber i. J. 416 ihr König Fridubalth vom Westgotenkönig Walja gefangen und an den Kaiser ausgeliefert worden, verzichtete man auf einen neuen selbständigen Landesfürsten: die Silinge gingen in die Hasdinge auf.

Ihren Namen fanden wir in folgenden Quellen:[1]

---

[1] Von den *Σιβινοί* des Strabo („Geographica", ed. 1829, VII, 1), welche Grimm, G. d. d. S.[1], S. 171 mit den Serben, S. 712 mit den Silingen in Verbindung bringt, ist wohl völlig abzusehen.

Ptolem. II, 10 (11), S. 151: Σιλίγγαι,
Idat., Ronc. II, 16. 18. 19: Silingi,
Isid., ed. 1601, p. 402, 2, H: Silingi,
Ser. reg. Got., Bouqu. II, 704: Silingui,
Chron. Moiss., Bouqu. II, 648: Silingi.

Nach diesen Überlieferungen kann die Form Silingi, got. Siliggôs nicht zweifelhaft sein. Grimm (G. d. d. S.[1], 712) weist auf seilan (ligare), Zeuss (S. 127) auf silan (tenere, possidere, gaudere).

AMBRI. ASSI.

Ambri und Assi sind die beiden ältesten wandalischen Personennamen. Sie sind aber auch die beiden einzigen, welche in die vorhistorische Wandalenzeit, in das Gebiet der Sage gehören. Dazu kommt, dass sie nicht einmal im Zusammenhang wandalischer, sondern langobardischer Urgeschichte überliefert sind: Ambri und Assi sind die Heerführer, unter denen die zahlreicheren Wandalen von den auf ihrer Wanderung aus dem Norden begriffenen Langobarden geschlagen werden. Und die einzige Quelle, welche uns beide Namen mit verschiedenen Varianten erhalten, ist die späte, sagenhafte und durchaus unzuverlässige „Origo Langobardorum" (s. S. 33). Also alles zu grosser Vorsicht mahnende Verhältnisse. Und es wird auch wenig oder gar nichts mit den beiden allitterierenden Namen anzufangen sein. Für den Ambri wüsste ich nur Förstemann („Sprachstamm" II, 189) zu citieren, ohne darin eine Erledigung zu sehen: „Den in dem ersteren Namen enthaltenen Stamm finden wir auch in dem häufigen Ambricho und in Ambremar wieder und denken dabei an das Volk der Ambronen, mögen diese nun Deutsche gewesen sein oder nicht (!). Sollte es einen tiefern Hintergrund haben, dass einst Cimbern mit Ambronen vereint gegen Italien zogen, und dass andrerseits auf der cimbrischen Halbinsel hausende Wandalen einen Ambri in ihrer Sage besitzen?" Vgl. jetzt noch Müllenhoff-Niedner (Zs. XXX, 222. 237), wonach der Name ahd. Ambrihho,

Embrihho, ags. Emerca aus dem Harlungenmythus vielleicht mit amal zusammenzubringen (s. dazu S. 76).

Den Assi — vielleicht vergleichbar einem Assuin (Assio, Assum) bei Cass. Var. I, 40 — hat man wohl zusammengestellt mit anderen auf As- anlautenden Eigennamen und diese Gruppe dann gar zu gern mit den Ansen in Zusammenhang gesetzt; eine solche Ausstossung des *n* vor *s* ist für den Verlauf des Got. ebenso wenig bekannt (ungeachtet des einmaligen seiteins 2. Cor. 11, 28 für sonstiges sinteins bei Ulf.), wie sie ags., alts., altfries., an. ist; und wenn Stark (Wiener Sitz.-Ber., Bd. 52, S. 283) aus Assi Ansi herstellen will nach Analogie eines Assemundus i. J. 843 = Ansemundus, eines Assuri i. J. 992 = Ansuri, so wäre das auf kein got. Lautgesetz zurückzuführen (s. nächst. Cap.), sondern entweder auf Schreibfehler oder auf einen ungotischen Dialekt, der den Namen nach eignem Lautstande überliefert; got.-wand. wäre dann immer noch Ansi herzustellen, entsprechend den Ansis (got. anseis) bei Jord. 76, 13 und dem Ansila S. 73. Mit der feststehenden Etymologie der Hasdinge als got. Hazdiggôs sind auch alle Versuche hinfällig den Assi zu ihnen in Verbindung zu bringen (z. B. bei Marcus, „hist. d. Vand.“, Anh. S. 2, N. 19).

Was die Endung *i* beider Namen betrifft, so ist dieselbe in altdeutschen, auch got. Namen nicht ganz vereinzelt (Dietrich, Germania XI, 196), doch schwer erklärbar. Jedenfalls dürfte Stark (a. a. O. S. 300) Unrecht haben, wenn er dieses alte *i* mit dem hypokoristischen *i* in jüngeren Namen, wie Tilli, Hildi, einerseits und mit dem an. Nom.-*i* des schw. Masc., wie in Helgi, Flóki, andrerseits ohne weiteres zusammenwirft. Vielleicht weist das *i* in beiden Namen auf junge Nachbildung, was bei der Art ihrer überliefernden Quelle immerhin möglich, und es wäre schon zu viel Raum müssigen Vermutungen gewährt über zwei Namen, für welche niemals Klarheit zu erhoffen.

HRAOS. HRAFTUS.

Nicht viel besser steht es mit den beiden ersten historischen Namen der Wandalen. Wieder verdanken wir ihre

Überlieferung einer einzigen Quelle, und das ist obenein eine griechische. Dio Cass. 71, 12 nennt die Hasdinge, „ὧν Ῥᾶός τε καὶ Ῥάπτος ἡγοῦντο". Unter ihrer Führung erhielten die hasdingischen Wandalen von M. Aurel 174 in Dacien Wohnsitze.

Zu dem ersteren der wiederum allitterierenden Namen giebt Müllenhoff (Zs. VII, 528): „Hraus, d. i. Severus, vgl. ags. hreó on môde, Beow." Wir hätten also danach unser „roh" vor uns, ahd. mhd. rô, ags. hrea, an. hrár (für *hrávr) und got. eben hraus vom Stamme hrawa- (ahd. râwêr; wie got. naus, Pl. naweis, an. nár, der Tote). Die griechische Schreibung Ῥᾶος statt der zu erwartenden Ῥαῦς erregt Verwunderung; sie könnte einen Beweis dafür geben, dass im germ. Diphthong — im Gegensatz zum griech. — im allgemeinen der erste Vocal der im Accent übergeordnete ist; sie könnte, was freilich in Anbetracht der frühen Überlieferung unwahrscheinlich, für got. *au* wand. *ao* bezeugen, wie uns dasselbe vielleicht als wand. Eigentümlichkeit noch im Swesaon (S. 66) begegnen wird.

Den Namen des Ῥάπτος erklärt Müllenhoff a. a. O.: „Hraptus, vgl. altnord. Hrappr violentus, ahd. Hrafolt"; zu der germ. Wz. hrap, wovon unser „raffen" (engl. to rap), mit demselben Suffix wie im got. hlif-tus „Dieb". Man sollte Hraftus nach got. Lautgesetz erwarten; doch findet sich, besonders bei den Griechen, an dieser Stelle das *pt* häufiger (vgl. Dietrich S. 75) und beweist damit die Tonlosigkeit des labiolabialen *f* (vgl. an. eftir und eptir, refsa und repsa; s. Scherer, „z. Gesch. d. dtsch. Spr."[2], 136, Anm. 1, und Hoffory, „altnordische Consonanten-Studien", Göttingen 1884, S. 4 ff.). Wand. wird deshalb ohne Bedenken Hraftus anzusetzen sein.

I(N)GILA.

Verbündete Burgunder und Wandalen wurden vom Kaiser Probus (276—282) geschlagen, und einer der gefangenen Heerführer heisst in der ihn allein nennenden, leider wieder gr. Quelle, bei Zosimus, Ἴγιλλος, al. Ἴγγιλλος. Er kann demnach sowohl Burgunder wie Wandale sein, ist aber als ersterer bei Wackernagel nicht vorhanden. Der Name ist entweder herzustellen als Igila. was durch die gelegentliche gr. Schreibung *Κύριλλος* für Cyrila gestützt würde, und wie der Name in der Neapeler Urkunde erscheint, oder mit Zugrundelegung der zweiten Lesart als Ingila, got. Iggila, und daher zu dem in germ. Namen so sehr häufigen Stamme Ing- zu rechnen.

WISIMAR.

Ein halbes Jahrhundert später finden wir die Wandalen im Kampfe mit den Goten. In der heissen Schlacht an der Marosch gegen den Gotenkönig Geberich (331—337) entscheidet der Hasdinge Wisimar durch seinen Tod die Niederlage der Seinen. Jord. (Cap. 22) ist die einzige Quelle für diesen „Visimar Vandalorum rex qui• Asdingorum stirpe" (al. Uuisumar, Uisumar, Uisurmar, Visarma, Uuisimar). Die Etymologie des Namens, so germ. auch sein Aussehen, ist zweifelhaft.

Müllenhoff verweist im Index für das erste Compositionsglied auf Wisugart, Wisigart, Wisurîh, Wisirîh, Visogast, ohne dass bis jetzt über seine Bedeutung in solchen Zusammensetzungen sich sicher entscheiden liesse; ahd. wîsan (weisen), wîso (Führer), wîs (weise, got. weis, alts. ags. wîs) kämen zuerst in Betracht.

Für den zweiten Teil der Composition hat schon Müllenhoff treffend bemerkt, dass er das ahd. mâri, got. mêrs (bei Ulf. in waíla-mêrs), wand. mîr nicht wohl sein könne. Dieses *â* statt got. *ê* wäre hier im Wand., das auch sonst in Namensformen, wie Geilamir u. a., die schon got. Färbung zu *î* durchführt, beim got. Jord. nicht denkbar; der Übergang von westar. und germ. *ê* zu *â* hat im Alts., Ahd., An. stattgefunden, nicht aber im Got., wie für das letztere schon das Schwanken des Überganges zu *î* in den Handschriften des Ulf. beweist (vgl. Bremer, Beitr. XI, 1 ff.). Vielleicht ist an ein got. *marh „Pferd" (ahd. marah, mhd. marc, ags. mearh, an. marr; s. Kluge, Wörterbuch S. 217) zu denken mit dem häufigen graphischen Schwund des h, obgleich der Name des Rosses selten in germ. Namenbildungen ist gegenüber dem des Bären, Wolfes, Ebers, Aares u. s. w., oder eher an ein got. *mar „Meer“ (neben marei zu erschliessen aus mari-saiws; Kluge, S. 220), das uns für das Wand. noch im Marivadus begegnen wird; und der Name bezeichnet danach den „Führer zur See“ (?).[1]

STILICA.

Von Geburt ein Wandale war der bekannte Stilica, der Vormund des Kaisers Honorius, der Sieger über Alarich und Radagais und 23 Jahre lang römischer Feldherr. Ein treuer, anziehender Charakter und gewandter Soldat und Politiker, wie ihn Claudianus mit Recht gefeiert hat, war er als Barbar und Arianer immer, zumal von Constantinopel aus, beargwohnt, woran er zu Grunde ging: wegen des Verdachts, für seinen Sohn nach dem Purpur zu streben, musste ihn Honorius 408 verhaften und hinrichten lassen.

Sein Name (bis heute als Stilke erhalten) erscheint bei drei Griechen, Eunapius, Olympiodor, Zosimus, gleichmässig als *Στελίχων*. Bei den Lateinern finden wir Stilico und Stilicho. Das erstere aber überwiegt; Orosius, Prosper (auch in der Vatican. und Pithoean. Bearbeitung), Cass. (Prosp. und Cass. allerdings in ihren älteren unselbständigen Partien), Jord., Isid. haben nur Stilico und bei allen nur möglichen handschriftlichen Varianten doch nie ein -cho; bei dem speciell für Stilica so zuverlässigen Claudian (S. 14) ist das gleichmässige Stilicho ebenso gleichmässig von der Variante Stilico begleitet; und endlich wird das letztere durch vier Inschriften bestätigt bei Rossi („inscriptiones christianae urbis Romae septimo saeculo antiquiores“, Romae 1861) 491. 537. 548. 543: Istiliconis, Istilicone, Istilic (mit dem im Spätlatein nicht seltenen, besonders zu Hadrians Zeit sehr verbreiteten Vorschlag eines i [resp. e] vor anlautendem s + Consonant;

---

[1] Für die Reihenfolge der Bestandteile vgl. z. B. Walthari = *Ἀρχέλαος*, *Ἀρχέστρατος* (Zs. XXX, 235).

vgl. die Varianten bei Jord. und Seelmann S. 317). Wir setzen also sicher Stilic- an, und von den ersten Spuren einer etwaigen Verschiebung des got. *k* zu *ch* ist in Stilic- — wie allgemein im Wand. — keine Rede. Ein Exempel für wand. Mundart darf überhaupt nicht in dem Namen eines Mannes gesucht werden, der völlig aus den heimatlichen Verhältnissen herausgerissen war. Dasselbe gilt für die Endung *o*, welche gewiss Latinisierung, schwerlich fränkische Färbung aufweist; die Wandalen bewahren sonst das schw. -*a*, vgl. Dagila, Hildica, Pinta u. a.

Schon Massmann (Zs. I, 388, 2) that den Namen als „wohl verwelscht oder langobardisch" bei Seite. Das gr. Στελίχων könnte auf got. *ê* in der Wurzelsilbe weisen, wie in -μερ statt -mêr, und dementsprechend hätten die vielleicht Idat. zuzuschreibenden Consularfasten zweimal Stelico (wenn das *e* hier nicht, wie in seinem fraglichen Fredibalus, verderbt), während die Lateiner sonst in Stilico den häufigen Übergang von *ê* in *î* durchgeführt hätten. Wenn aber Dietrich (S. 62) weiter das hieraus erschlossene ahd. stâlico auf unser „Stahl" zurückführt, so ist das falsch, denn ahd. stâl, stahal weist auf got. *stahla-, nicht stêla-; eher wäre in Stêlica an got. stilan zu denken. Näher aber liegt die Wz. stel, stal „stellen" (ahd. stal, stellen, stil, stilli, stollo, stuol; vom selben Stamme dann das gr. Στιλιβούργον bei Proc. de aedif. IV, 6, D). In der letzteren Ableitung bin ich bestärkt worden durch Stark (Wien. Sitz.-Ber., Bd. 23, 672), welcher von ahd. stil ausgeht: dasselbe heisst einmal uncinus, wovon der Begriff des Speeres nicht allzu weit läge; sodann manubrium, und dass letzteres als pars pro toto für die ganze Waffe stehen könne, das zeige das an. hjalti welches wie ahd. hëlza, ags. hilt ursprünglich capulus' „Schwertgriff", dann aber auch „Schwert" bedeutet. —

Steht Stilica, selbst in seiner Namenbildung, ganz ausserhalb der wand. Verhältnisse, dann wird man von dem unerklärten Namen seines Sohnes Eucherícus erst recht absehen dürfen.

GÔDAGISL.

Der König, welcher infolge des Nachdrängens der Hunnen die Wandalen aus ihrer bisherigen Stellung als römische Foederati in Pannonien die Donau aufwärts nach dem Rhein zu führte und auf diesem Wege im Jahre 406 mit 20 000 der Seinen gegen die Franken fiel, ist uns in folgenden Namensformen überliefert:

Proc.: *Γοδίγισκλος* (*Γωδίγισκλος*),

Greg. Tur.: Godegisilus,

Theoph. 146: *Μοδίγισκλος*, al. *Γοδίγισκλος*, 287: *Γογδίγισκλος*,

Hist. misc.: Modigisclus;

wie man sieht, alles recht junge und unsichere Quellen. Natürlich, dass die mit *g* anlautende Form anzusetzen nach den beiden älteren Autoren. Der erste Teil der Composition ist auch sonst in wandilischen Namen häufig, erfordert aber jedesmal Überlegung, ob got. guda- (wie bei Ulf. guda-faúrhts, guda-laus) oder gôda- (bei Ulf. gôda-kunds) anzusetzen ist. Ebenso sicher wie Composition mit guda- in Namen vorkommt (Godescalc, Gudwin u. s. w.), ebenso wenig darf eine Zusammensetzung wandilischer Namen mit gôda- geleugnet werden, und eine solche setze ich für den vorliegenden Namen an (im Gegensatz zu Dietrich und Wackernagel). Die späten Quellen, welche ihn geben, könnten zwar leicht fränkische Brechung des guda- in goda- aufweisen, aber derselbe Name (nur sein zweites Glied in einfacherer Form) erscheint noch einmal in der wand. Geschichte, und der zuverlässige Vict. Vit. giebt hier einzig die Form Godagis. Eine etwaige Brechung des *u* in *o* schon für das Wand. annehmen zu wollen, widerspräche dem gesamten wand. Lautstand und wäre Willkür. Die Länge der ersten Silbe wird auch gestützt durch die Form Modigisclus, deren erster Teil auf got. môda- beruht (vgl. westgot. Môdefred, Môdarius, Môdaharius). Das incorrecte *o* ist bei den Griechen nichts Auffallendes, aber in der Variante bei Proc. richtig in *ω* gebessert.

Nach genanntem, glaubwürdig überlieferten Gôdagis wird auch für den vorliegenden Namen der ungeschwächte

Stammesauslaut des ersten Compositionsgliedes anzunehmen sein.

Der zweite Teil ist in der Form -gisclus ungermanisch und romanisiert. Die im Germ. als -gisl- anzusetzende Lautgruppe enthält die unlateinische Verbindung *sl* (mit vermutlich tonlosem *l*), welche sich der Romane durch einen Zwischenconsonanten, gewöhnlich *c*, mundrecht zu machen suchte; daher giscl statt gisl (wie für die Slaven Sclaveni, Σθλαβηνοί; vgl. Dietz, Gramm. I^3, 315, Scherer, „zur Gesch. d. dtsch. Spr.“ [1], 127). Und das wand. -gisl-. ist bei Greg. Tur. durch Einschiebung eines Svarabhakti-Vocals zu -gisil- geworden.

Es ist also got. Gôdagisls anzusetzen, wand. mit Abfall des Nom.-*s* nach dem dentalen *l* Gôdagisl (vgl. Fridamal).

Der zweite Compositionsteil ist eine Weiterbildung des ebenfalls in Namen häufigen -gis (dieselbe Ableitung wie in got. þwahl zu þwahan, faírweitl zur Wz. wit), wie es in Goda-gis begegnet. Dasselbe ist die unabgelautete Form des synonymen ahd. gêr, got. *gaiza- „hasta“ und erscheint in dieser volleren Form auch als zweites Glied in Namen (wie in wand. Hôhageis, got. Hario-gaisus u. a.). Völlig aus einander zu halten ist unser gis, gisl trotz seiner Nebenbildungen gisel, gisal von gîsal „obses“, mit dem es Wackernagel und neuerdings noch Heintze („die dtsch. Familien-Namen“ 1882) identificierte.

FRIDUBALTH.

Der letzte selbständige Silingenkönig bis zum Jahre 416 begegnete uns bei

Idat.: Fredibalus,
Chron. Moiss.: Fredobadus,

wieder eine ganz mangelhafte Überlieferung, um so mehr als die Stelle bei Idat. vielleicht spätere Einschiebung (vgl. P. F. X. de Ram, „Idatii episcopi chronicon“, Bruxelles 1845, p. 66, 1).

Das erste Compositionsglied ist der germ. Stamm friþu, für das Wandilische nur durch zahlreiche Eigennamen bezeugt, ahd. fridu, alts. frithu „Friede“. Das jüngere *d* in unserem Namen, das nicht Media, sondern tönende Spirans ist (vgl. nächst. Cap.), werden uns für das Wand. noch „Fridamal“ und „Fridus“ aus der Anthol. lat. bezeugen, die damit auch das *i* der ersten Silbe sicherstellen.

Der zweite Teil des Namens ist am ersten Fundort entstellt aus -baldus (mit derselben unwandalischen Verschiebung in der incorrecten Uberlieferung des Idat., wie unten in seinem Gun*d*ericus) und am zweiten confundiert mit -bad-, -badw- „pugna“. Derselbe ist das got. *balþs „kühn“ (balþaba Adv., balþei „Kühnheit“).

Die streng gotische Form wäre also Friþu-balþs. Für das Wand. ist Fridubalth anzusetzen mit Verschiebung des inlautenden þ zwischen Vocalen zur tönenden Spirans (s. o.), Bewahrung des Stammesauslauts im ersten Gliede und Abfall des Nom.-*s* nach þ, wenn anders diese Erscheinungen, welche sich als wand. Charakteristika des 5. und 6. Jahrhunderts im weiteren ergeben werden, schon ohne weiteres in die spanische Zeit gesetzt werden dürfen.

GUNTHARÎX.

Der älteste Sohn und erste Nachfolger des Godagisl war Guntharix, der von 406—427 das Hasdingenscepter führte, Hasdinge, Silinge, Alanen vereinigte und das Gesamtvolk zu der herrschenden Macht Spaniens erhob.

Sein Name erscheint auf afrikanischem Boden nach Ausgang der wand. Geschichte noch einmal bei dem Rebellen aus dem Jahre 545, dessen wand. Nationalität jedoch sehr zweifelhaft erscheinen muss (s. a. Schluss d. Cap.). Ebenso correct, wie die Historiker in der Wiedergabe des Namens bei diesem zweiten Auftreten in Afrika sind, ebenso unzuverlässig erscheinen sie für den Hasding.

Die älteste, zugleich die einzige gleichzeitige Quelle, Idat., zeigte schon öfter im Texte Unsicherheiten und giebt auch hier, obenein in ihren unselbständigen Partien, nur die entstellte Latinisierung Gundericus; dieselbe ist dann auch übergegangen auf Greg. Tur., Isid., Chron. Moiss. Ausserdem ist uns der Name erhalten bei Marcell. Com. als Guntharius, bei Proc. und Theoph. als *Γόνθαρις*, in der Hist. misc. als Gontharius, an den letzten Orten im ersten Gliede correcter. Merkwürdig dabei, dass wir, abgesehen von Proc., der den Hasding wie den jüngeren Rebellen übereinstimmend *Γόνθαρις* nennt, sonst in keiner Quelle beide Träger des Namens zugleich auffinden konnten.

Beide Compositionsteile des Wortes sind in den germ., speciell wandil. Namen überaus häufig, drücken sie doch den eigentlichen Lebensinhalt des germanischen Mannes aus: Krieg und Herrschaft. Der erste Teil ist durch das Guntha-rius des Marc. Com. und durch das gr. *Γόνθα-ρις* als rein got. gunþa- erhalten, wie es auch alle Quellen für den jüngeren Rebellen bewahren und es sich ebenso rein zeigt im Namen des Hasdinges Gunthamund.

Was den zweiten Teil, got. reiks, anlangt, so ist derselbe auch in wand. Namen häufig und erscheint in deren Quellen eigentlich durchgehends als -ricus (gr. -*ριχος*). Das germ. rîk- entspricht dem gleichbedeutenden celt. rîg- (Ambio-rix u. v. a.; Grimm, Gramm. II, 516). Die aus celt. Namen bekannte Gestalt -rix erscheint einige Male, aber sehr selten, auch in der wandil. Namenorthographie[1]; die wenigen Fälle gehören fast ausschliesslich wand. Gebiete an, sind aber gut bezeugt: Vict. Vit. II, 39 Hunirix (aber mit der Variante Hunirícus und II, 1 nur dieses), Anthol. lat. (ed. Riese) Nr. 387 Hunerix, in der zuverlässigen Augustanischen Bearbeitung der Chronik Prospers (etwa um 530) Ronc. I, 702 Hunerix (dazu ein Gen. Hunerici) und I, 703 Hildrix (ebenso ist zu dem Gen. Hildrici bei Luxor. vielleicht Hildrix anzusetzen), und vor allem auf den Münzen Hildirix (Hilderix, vielleicht auch Hildrix); wie man sieht, vereinsamte, aber für das Wand. unanfechtbar belegte Fälle, in denen man jedoch nicht, wie Müllenhoff (Jord. 149) thut, wirklich celt. Bildungen sehen darf; es steht hier -rix vielmehr für -rîcs nach lat. Orthographie, d. i. got. reiks (im celt. Vercingeto-rix ist -rix = -rigs), so dass dieses lautlich

[1] Die von Müllenhoff, Jord. 149, aufgezählten Fälle kann ich vermehren durch den Hunerix (S. 22) im Gedicht des Cato in der Anthol.

auch für das Wand. rein vorhanden wäre; die sonst geläufige Latinisierung in -ricus ist hier unterblieben. (Über die orthographische Schreibung -rîx s. S. 37.) — Was sonstige Formationen dieses Compositionsgliedes — um dessen Geschichte hier im Zusammenhange zu erledigen, — im Wand. anlangt, so sind einige noch vereinzelt: Jord. 51, 19 nennt den Rebellen vom Jahre 545 Guntharic (doch Gizericus, Hunericus), wie Vict. Tunn., Ronc. II, 362 den Hasding Hilderic (doch Gensericus, Hunericus); Jord. schwankt hier überhaupt auffällig: in Wandalennamen neben Guntharic einerseits und Gizericus, Hunericus andrerseits schreibt er drittens das sonst in keiner Quelle stehende Ilderich; solche Bildungen auf -ric und -rich dürfen nicht als lautliche Fortschritte angesehen und aus germ. Lautgesetzen hergeleitet werden, sondern sind wahrscheinlich auf ungerm. Einfluss zurückzuführen; es sind Analogien zu Namen von Hunnen und anderen Orientstämmen, die bei den Griechen mit der Endung χ oder ξ, bei den Lateinern gewöhnlich *c* wiedergegeben werden (vgl. Müllenhoff, Jord. 150 s. v. Geberich). Im Guntharius des Marc. Com. und Gontharius der Hist. misc. liegt Verwechselung mit got. -harjis vor. Bedeutungsvoller ist die Gestalt -rith in der Zusammensetzung: Vict. Vit. III, 19 giebt Hildirit (al. Hilderith); Coripp. (vgl. Haupt, opuscula III, 616) giebt ganz gleichmässig Guntarith, Geisirith, Ariarith (entsprechend Eutrop. 10, 4. Anon. Valesii p. 661. Chron. Hieron. z. J. 367 ein Gotenkönig Ariarich); Vict. Tunn., Ronc. II, 371 Guntharith (für den Rebellen von 545). Hier liegt eine eigentümliche Vertauschung vor zwischen got. -reiks, wand. -rîx und dem in Eigennamen nicht seltenen got. -rêþs, wand. -rîth (vgl. unter Witarîth). Solche Vertauschungen, welche in wandil. Namen nicht vereinzelt sind (z. B. ebenso Wiljarîc neben Wiljarîth), können nur in dem häufigen Vorkommen beider Compositionsglieder und der dadurch bedingten Bedeutungsabschwächung ihren Grund haben. Und speciell bei dem wand. Namen Guntharîx scheint der Wechsel von -rîx und -rîth sich eingebürgert zu haben (derselbe lässt sich bis zu Paul. Diac. verfolgen, wo die Lesarten Guntarith und Guntaricus neben einander stehen), wie die beiden Ohrenzeugen Coripp. und Vict. Tunn. darthun, so dass auch die Griechen, Proc. und Theoph., welche sonst immer -ριχος aufweisen, hier nur die Form Γόνϑα-ρις haben (entsprechend Γέλαρις), die also nicht, wie Grimm (Zs. III, 147) in ähnlichen Namen thut, als got. Guntha-harjis aufzufassen ist.

Man stellt den Quellen gemäss am besten für den Hasding die Form Guntharîx, für den Rebellen die Umbildung Guntharîth als bei ihren Lebzeiten geläufige auf.

GEISARÎX.

Unter den heldenhaften Gestalten der Völkerwanderung nimmt König Geisarix eine hervorragende Stelle ein. Als unechter Bruder des Guntharix nahm er schon zu dessen Lebzeiten an der Regierung teil, um nach seinem Tode selbständig den Hasdingenthron zu besteigen und auf ein halbes Jahrhundert (427—477), überaus ehrgeizig und kriegstüchtig, alle Nachbarländer in Schrecken zu halten („δεινότατος ἀνϑρώπων ἁπάντων", Proc.). Er ist der Eroberer Afrikas und Carthagos, er ist der gefürchtete Feldherr zur See, er ist der Plünderer Roms, er ist der arianische Gegner der orthodoxen Kirche. „Welch gewaltigen Eindruck er bei den Zeitgenossen hinterlassen — und nur seine Feinde haben seine Geschichte geschrieben — erhellt daraus, dass er bis zum Untergange des von ihm verwegen mitten in die römische Welt hineingebauten Reiches als Begründer aller wandalischen Verhältnisse galt." Das letztere macht sich auch für unsere Zwecke bemerkbar. Sämtliche bisher behandelten Namen waren entweder etymologisch schwierig und dunkel oder konnten wegen ungenügender Überlieferung nur nach Analogie späterer Namen beurteilt werden. Das wird mit Geisarîx anders. Mit ihm beginnt die wand. Geschichte in Afrika, mit ihm beginnt gleichzeitige Überlieferung.

Sein Name ist uns in den buntesten Formen überliefert, und seine etymologischen und grammatischen Deutungen sind bis heute noch die mannigfachsten [1]. So gebrauchen viele

[1] Münzen sind von Geisarix nicht erhalten; die ihm früher zugeschriebenen hat Friedländer (S. 14 ff.) ihm entscheidend abgesprochen.

Historiker, unter ihnen auch Felix Dahn, hartnäckig den Namen Gense-rich, und unter den Germanisten konnte noch P. Pietsch (Litteraturblatt 1883, Sp. 348) die wand. Form als Gêsericus (aus Gensericus) herstellen. Namentlich stehen sich von jeher die beiden Ableitungen aus got. *gaiza- „hasta" und *gans „anser" gegenüber. Geht man sorgfältig auf die Quellen ein, so ist es absolut zweifellos, dass die Wand. einzig und allein geis-, got. gaiza- (ahd. alts. gêr, ags. gâr, an. geirr) gebrauchten. Von den Griechen muss hier, wo es sich um einen Diphthong handelt, für den sie gar kein Gehör haben, abgesehen werden; sie geben in bunter Verwirrung *Γεζέριχος* (Prisc.), *Γιζέριχος* (Proc., Theoph.), *Γινζιρίχος* (Malch.), *Σινσήριχος, Ζινζήριχος* (Malal.) u. s. w. Aber von den Lateinern geben zunächst die gleichzeitigen Quellen bis zu Geisarix' Tode und darüber hinaus ausnahmslos den vollen Diphthong: Prosp. — Geisericus, Idat. — Gaisericus, Vict. Vit. — Geisiricus; das sind unumstössliche Beweise. Dazu kommt, dass aus der späteren Zeit, wo seit Cass. abweichende Formen des Namens häufiger werden, doch zwei authentische Zeugen vom afrikanischen Boden ebenso den reinen Diphthong bewahren: die Vita Fulg. — Geysericus und Coripp. — Geisirith. Deutlicher kann das geis-, got. *gaiza- für den wand. Namen aus den Quellen nicht bewiesen werden! Was nun die andere Theorie anlangt, welche „gens-" annimmt, so stützt sich dieselbe besonders auf das Erscheinen angeblich desselben Wortstammes in des Königs Sohn „Gentun". Dagegen ist einzuwenden, dass dann eine solche Übereinstimmung wohl zuerst zwischen Vater und ältestem Sohn (in diesem Falle Hunarix) zu erwarten wäre, und ferner dass, so oft in den Namen von Vater und Sohn derselbe Begriff erscheint, regelmässig der einfachere Name dem Vater, der weitergebildete dem Sohne zukommt, nicht umgekehrt: diese angebliche Übereinstimmung in Genserich und Gentun macht das erstere grade verdächtig! Ferner sind die Quellen, welche den Gentun überliefern, eben diejenigen, welche für seinen Vater nur den diphthongischen Stamm geben: Idat., Prosp., Vict. Vit.! Endlich entbehrt bei der Ableitung von „gans" der vorhandene *i*-Umlaut in „Gentun" jeder Erklärung.

— Freilich die Benennung „Gänsekönig“ wäre denkbar: Geisarix war von unechter Geburt, also etwa Sohn einer Gänsemagd!! Dann hätte doch aber Felix Dahn nicht von einem „Wildgans-Hahn“ (Bausteine II, 205) oder dem „mutigen Wildgansvogel“ (Urgeschichte I, 157) sprechen sollen!! —

Damit wären nun alle abweichenden Namensformen als jüngere Umbildungen abgewiesen, aber nicht an sich erklärt. Hierher gehört zunächst der vielgenannte Gensericus, wie wir ihn finden bei Gennadius (wo aber diese letzten Partien fremde und spätere Zusätze enthalten), Cass. Var. (die Chronik hat Ginsericus), im Chron. Pithoean., bei Marc. Com., einmal bei Vict. Tunn. (daneben einmal Gisericus), Prosp. Vatican. (neben Gesiricus), in der Hist. misc., sowie hier und da als vereinzelte Variante. Diese Gestalt des Namens hat Wackernagel (Kl. Schr. III, 352), der sonst ebenfalls von unserer Grundform *gaiza- ausgeht, erklären wollen durch eine auch sonst im Germ. zu beobachtende Einschiebung eines unursprünglichen *n* vor *s*. Ebenso sicher aber, wie das Schwinden des *n* vor *s* für das Ags., Alts., Altfries., An. feststeht, ebenso falsch ist der entgegengesetzte, von Wackernagel als im Germ. üblich hingestellte Fall einer Einschiebung von unursprünglichem *n*. Es ist mir zweifellos, dass die wenigen Fälle, welche ein solches jüngeres *n* aufweisen, für eine germ. Lauterscheinung gar nichts bezeugen, sondern einfach auf romanisierende Beeinflussung durch die Abschreiber zurückzuführen sind. Im Romanischen ist solch *n* in der That vorhanden, wenn auch noch nicht positiv erklärt, und findet sich vereinzelt schon im Vulgärlatein (vgl. z. B. la*n*terne, e*n*gal, e*n*glise, re*n*fuser); es ist dies vermutlich dieselbe durch die gesamte Latinität hindurch zu beobachtende Entwickelung eines Nasals, wie sie schon in altlat. a*m*bo, i*m*ber, quadri*n*genti, a*n*guis u. s. w. vorliegt (Seelmann S. 274 ff.). Und damit wird man auch das *n* in vereinzelten Nebenformen germanischer Namen abzuthun haben, die jedoch immer einzelne Betrachtung verdienen. Für wand. Namen findet es sich in den Nebenformen Ge*n*sericus und Tra*n*samundus. Für ersteren mag diese romanisierte Wiedergabe bestärkt worden sein durch die schon oben angedeutete nachträgliche Anähnlichung des Namens vom Vater an den des Sohnes, deren schon durch die Allitteration gegebene gegenseitige Beziehungen auf diese Weise erweitert wurden. Und bei dem Tra*n*samundus für wand. Thrasamund wird die Romanisierung befördert worden sein durch Angleichung an lat. „trans“; denn so oft die Nebenbildung erscheint, fehlt stets das *h* nach dem *t*; sodann giebt Cass. sogar Transmundus; endlich ist bei den griech. Autoren solche Latinisierung naturgemäss nicht zu finden.

Eine Bemerkung verdient noch der „Gizericus“ des Jord. (entsprechend „Γιζέριχος“ bei Proc. und Theoph.), der, so häufig er auch den Namen gebraucht (an 11 Stellen), und so abnorme Entstellungen in den Varianten auch zu finden sind (s. S. 28), doch niemals ein *n* aufweist, dagegen regelmässig das *z*. Es scheint, als ob hier der erste Teil des Namens nicht in der starken Form *gaiza-, sondern in der schwachen *giza- vorliegt, wie wir sie in der Ableitung -gisl- (S. 52) wiedererkannten; und das *z* würde, wenn nicht aus dem Griech. entlehnt, ein Rest rein gotischer Orthographie sein (ungenauer der Gisericus bei Vict. Tunn.).

Doch es sind schon zu viel der Worte für blosse unwandalische Entstellungen oder Nebenformen. — Für das Wand. ist die exacte Schreibung des *z* im ersten Teile nicht zu controllieren. Für got. *ai* ist wand. *ei* durchgedrungen, wie es auch die Münzen des G*ei*lamir allein haben. Der Stammesauslaut des ersten Compositionsgliedes ist in den Quellen, wie überhaupt bei diesen ältesten Namen, abgeschwächt, während alle späteren und damit zuverlässiger überlieferten Namen seine reine Erhaltung für das Wand. im allgemeinen sicher stellen werden. Man wird deshalb mit Recht als rein wand. auch Geis*a*rîx herstellen dürfen; der so überaus häufige Gebrauch des Namens dieses gewaltigen Wandalenfürsten mag in den Quellen gar leicht zur Abschwächung geführt haben, schwerlich jedoch schon zu Lebzeiten seines Trägers; denn es wäre ein Widerspruch Geis*e*rix anzusetzen, während in jüngeren Namen, wie in Wit*a*rîth, Thras*a*mund, Geil*a*mîr der reine Stammesauslaut sich ungeschwächt bewahrt hätte. Über das zweite Compositionsglied s. S. 54 f.

Also wand. Geisarîx (got. Gaizareiks)! Und damit, denke ich, ist der „Genserich" aus der wand. Sprache beseitigt, — ob endlich auch aus den historischen Darstellungen? —

(Das angebliche „taihunhundafaþ" [1] im gefälschten Vict. Cart. [s. S. 16] könnte vielleicht die factische Fälschung der Madrider Handschrift beweisen helfen, wenn überhaupt der schwache Versuch einer Erklärung bei dieser durchaus rätselhaften Bildung gewagt werden kann. „Taihunhundafaþ" soll die wand. Bezeichnung für den Millenarius sein. Möglicherweise hat hier den späten Fälscher die Kenntnis der gotischen Elementargrammatik im Stich gelassen: er zählte mechanisch: twahunda, þrijahunda, ... niunhunda, — taíhunhunda [wie ..... niuntêhund, taíhuntêhund], ohne sich des selbständigen þûsundi im Augenblick zu erinnern (?). Dagegen fehlt dem zweiten Compositionsgliede nach dem *þ* das *s*, was ebenso wohl normal wand., als Nachlässigkeit des Schreibers sein kann.)

HILDICA.

Geisarix' Kanzler, der „Praepositus regni", ist bei Vict. Vit. II, 15 als Heldica überliefert. In der Bildung erkennt man leicht das so häufige germ. hildi- „Kampf", ahd. hiltja (hiltea, hilta), an. hildr [2] und das auch in Stilica vorhandene Suffix mit der regelmässigen schwachen Endung *-a*. Auffallend ist aber das *e* der Wurzelsilbe. Es liessen sich dazu aus andern wandil. Dialekten ebenso vereinzelte Parallelen anführen; aber das Erscheinen desselben Wortstammes in reiner Gestalt hildi-, wie es im Namen des wand. Königs

---

[1] Die Anordnung ist im folgenden so getroffen, dass dem Namen jedes Königs die seiner Regierungszeit zuzuschreibenden Sprachreste folgen, ohne dass hierbei die Chronologie bis ins Einzelne beobachtet werden konnte.

[2] Graff schwankt bei der Etymologie des Namens zwischen ahd. hilti- und held, helid; jedoch weist letzteres auf got. haliþ-.

Hildirix auftritt und durch beweisende Münzen zweifellos bestätigt wird, macht für die Form Heldica (vgl. im „Chron. breve“ Heldericus) eine lautliche Erklärung unnötig und schreibt sie der verderbten Überlieferung Victors zu (s. S. 18). Nach dem feststehenden Hildirix ist für die Wand. Hildica anzusetzen.

THEUDARJ$\overset{\hat{U}}{\underset{\hat{O}}{}}$ (?).

An derselben Stelle nennt Vict. Vit. eine Teucharia, al. Theucaria, Theucharia, Themaria [1]. Wie man sieht, haben alle Varianten das reine *th*, und dies muss, wie noch andre Namen beweisen werden, für das Wand. festgehalten werden. Der Name ist sonst in der überlieferten Gestalt entstellt und herzustellen als Theudaria aus Theudaharia, wie im 6. Jahrhundert die Gemahlin des Königs Theudebert Teudhara, d. i. Theudahara genannt wird.

Der erste Teil, got. þiuda, zeigt noch das ältere *eu*. Dass die extreme Färbung des *e* zu *i* in den urgerm. Diphthong *eu* eindringt, ist eine in der Zeit sehr schwankende und nicht allzu alte Erscheinung. Während sie in der ulfilan. Sprache allgemein geworden, schwankt sie im gesamten got. Namenschatze während aller Perioden; grade hier wird erst die dialektische Scheidung der einzelnen Wandilierstämme ein Kriterium abgeben können. So scheint den Wand. das *eu* erhalten zu sein (wie ähnlich den Burgund., Wackernagel, kl. Schr. III, 364), worauf wir unter Theudarix und Guththeus zurückkommen.

Der zweite Compositionsteil ist das lat. Femininum zu der gewöhnlichen Latinisierung -arius, -harius für got. harjis. Zu letzterem würde für das Got. das Fem. als *harjô anzusetzen sein (wie niþjô bei Ulf. zu niþjis) und der vorliegende Name daher in reinem Got. Thiuda-harjô lauten, woraus infolge der bekannten Schwäche des *h* mit Synkope *Thiu-

---

[1] Vict. Vit. III, 39 ebenso ein Teucharius, den ich aber als wütenden Arianerfeind nicht zu den Wand. zähle (s. S. 9), obgleich der Aufenthalt unter diesen die Form seines Namens modificiert haben kann.

darjô entsteht. Ob dann weiter wand. Theudarjû mit extremer Färbung des ô (wie wand. -mûth aus got. -môþs und das î aus ê in wand. -rîth aus got. -rêþs und in Frônîmûth, s. nächst. Cap.) anzusetzen, das bleibt eine offene Frage.

Was die Bedeutung anlangt, so ist zu bemerken, dass got. þiuda, ahd. deot allmählich nur steigernde oder verallgemeinernde Function bekommt, ebenso got. aírmana-, ragina-, ahd. irmin-, regin-, und dass got. harjis in Namen früh die individuelle Bedeutung „Krieger, Held“ annimmt.

DAGILA.

Bei Vict. Vit. III, 33 erscheint der Name Dagila, und Halm citiert seinen Träger im Index als eine „matrona nobilis“. Auffallend wäre dabei die Endung *a* statt des zu erwartenden got. ô (wand. û?); wenn man jedoch die Nachlässigkeit in Victors Stil und Redeweise bedenkt, so dürfte vielmehr aus citierter Stelle Dagila als guter Name eines wand. Mannes hervorgehen. Dieselbe lautet: „Tunc igitur et quaedam uxor cujusdam cellaritae regis, nomine Dagila, quae ......“; Dagila ist nicht eine „matrona“, sondern der „cellarita regis“; dass der Eigenname ohne Gen.-Endung steht, ist in allen diesen späten Quellen weder auffallend noch selten und speciell für Victors Stil eine Kleinigkeit. Der Name gewährt reinen got. Lautstand. Dags „dies“ findet sich auch in Namen wie Dagalaiphus, Dagaleich, Dagarus und als Simplex im urnord. Namen DagaR (Inschrift von Einang), wahrscheinlich mit der Bedeutung „lux“, „splendor“ (Grimm, Gramm. 451. 488).

ANDWIT.

Ein Presbyter Arianorum unter Geisarix heisst bei Vict. Vit. I, 41 Anduit. Streng got. ist zu schreiben And-wits. Der erste Teil ist in got. Composition geläufig. Das zweite Glied erscheint in schwacher Form bei Ulf. in un-wita („ἀσύνετος“) und fulla-wita („τέλειος“) und wiederholt in got. Namen, wie Witiza, Witericus, Sinduitus (= swinþa-wits), wand. Witarith u. ö.: wits zu got. witan oder -weitan, wie lats zu lêtan (Kluge, „nominale Stammbildungslehre der altgerm. Dialekte“, Halle 1886, § 169). And- hat in der Composition die Bedeutung „contra“, „versus“; der Name bedeutet also etwa „schlagfertig“ und könnte seinem Träger als gewandtem Verteidiger der Arianerlehre gegen die Orthodoxen später beigelegt sein. Das Wand. hat die Nom.-Endung *s*, wie öfter zu beobachten, nach Dentalen eingebüsst.

HÛNARÎX.

Als Geisarix 477 gestorben, folgte ihm von seinen vier Kindern (Hunarix, Gintun, Theudarix und einer Tochter) der älteste Sohn Hunarix, der von 477—484 den Wandalenpurpur trug, ausserdem aber von seinem Vater nur die Härte und Grausamkeit geerbt hatte. Abnahme der wandalischen Kriegstüchtigkeit, heftigste Katholikenverfolgungen und Meuchelmord in der eignen Familie sind die Charakteristika seiner Regierung.

Die Überlieferung seines Namens ist in den Quellen eine verhältnismässig einheitliche. Der Wechsel bezieht sich im wesentlichen auf den Stammesauslaut des ersten Compositionsgliedes. Für letzteren sei an das unter Geisarix S. 59 Gesagte erinnert. Seine bei den gelehrten Autoren so häufige Vermischung mit lat. Honorius (Grimm, G. d. d. S.[1], S. 477 f.), welche besonders durch das regelmässige *ω* im Ὀνώριχος der gr. Quellen bestätigt wird (der Name des Kaisers bei Proc. d. b. Vand. 1, 1 Ὀνώριος), mag auch die ursprünglich jedenfalls reine Gestalt des Auslautes im ersten Compositionselement ins Schwanken gebracht haben (das *i* im Hun*i*rix des Vict. Vit. ist seine persönliche Eigentümlichkeit, vgl. Geis*i*ricus; Paul. Diac. hat Hun*u*ricus).

Im ersten Bestandteil des Namens haben die Lateiner Hun- mit wenigen unwesentlichen, auf erwähnter Latinisierung beruhenden Ausnahmen („Chron. breve“ — Honoricus, Fredeg. — Honericus, „collect. chronogr.“ — Honoricus). Aber letztere finden nach Friedländer eine auffällige Parallele in den zwei erhaltenen Münzen, welche nach seiner Interpretation aus den Jahren 480 und 481 stammen und den Namen „Honorikus“ tragen sollen. Trotzdem muss man den lat. Autoren folgen; denn einerseits ist das Herkommen der beiden Münzen nicht so gesichert, wie es Friedländer zu machen sucht (S. 18 ff.), oder das Honorikus ist selbst auf diesen eine absichtliche gekünstelte Latinisierung, welche natürlich für die vulgäre Wandalensprache nichts ausmacht; andrerseits ist gerade in diesem Falle die Autorität des Vict. Vit. unantastbar, welcher speciell des Hunarix Katholikenverfolgung beschreibt und u. a. des Königs bezügliches Edict mitteilt, immer aber Hun- giebt, welches alle Handschriften beibehalten. Und hierin stimmen mit ihm Quellen ausnahmslos überein, wie Idat., Prosp. August., Marcell. Com., Vita Fulgent., Jord., Vict. Tunn., Prosp. Vatican. u. s. w.

Für die Formen des zweiten Gliedes vgl. S. 54 f. In dem Hune-rix des Prosp. August. und dem Huni-rix des Vict. Vit. ist die wand. Endung erhalten.

Bei der Etymologie des Namens ist an die Hunnen nicht zu denken, da derartige Zusammensetzungen schon vor ihrem Erscheinen in Europa vorkommen. Im übrigen sei Müllenhoff citiert (Zs. XIII, 576): „Hun ist ohne Zweifel dasselbe mit altn. hûnn, das nicht nur catulus, ursinus bedeutet [Grimm, Gramm. II, 462], sondern auch Knabe, Bursche. Es mag dahin gestellt bleiben, ob hûnn mit *κυεῖν* (*κύος, κῦμα* die Leibesfrucht) zusammenhängt; aber die allgemeine Bedeutung von recens natus oder junger Spross hatte es gewiss und konnte daher ähnlich wie niwi in Frauennamen und wie *νεός* verwandt werden“. Nach dieser Erklärung würde Geisarix seinen ältesten Sohn schon durch seine Benennung zum Thronfolger bestimmt haben.

GINTÛN (?).

Geisarix' zweiter Sohn, der auf Veranlassung seines älteren Bruders meuchlerisch beseitigt wurde, ist in folgenden Namensformen überliefert:

Idat.: Gentoni (Dat.),

Vict. Vit.: Gentunis (Gen.; al. Gentonis, Gentonii),

Prosp. August.: Gentunis (Gen.; al. Gentonis, Genzonis),

Proc.: *Γένζων*,

Theoph.: *Γεήσωνος* (Gen.).

Es sei ohne Umschweif gestanden, dass mit dem Namen bis jetzt nichts zu beginnen ist. Die Deutungsversuche von Dietrich (S. 84), Förstemann (Namenbuch I, 468), Stark (Wien. Sitz.-Ber., Bd. 52, S. 325) enthalten blosse, zum Teil unhaltbare Vermutungen und brauchen deshalb nicht wiederholt zu werden.

Über das etwaige Verhältnis des Namens zu „Genserich" ist oben S. 57 ff. gesprochen. Das erste *n* auch in dem vorliegenden Namen als romanische Zuthat anzusehen, verbieten seine lat. Quellen, denen eine solche in ihrem gleichmässigen Geisericus durchgängig fehlt.

Etwaiges Gento, -onis als got. schw. Ginta (das *e* der Überlieferung so incorrect wie in Victors Heldica, S. 60) herzustellen (analog Stilica, w. s.), dürfte nicht angehen, da Vict. Vit. das schw. *-a* sonst bewahrt (Dagila, Heldica). Ist vielleicht ein wand. Gintûn aus Gintahûns anzusetzen mit Synkope wie in Theudarjû (S. 61) und Abfall des *s* nach dentalem *n*?? Zum ersten Teile wäre dann etwa Dietrich (S. 84, Anm. 76), zum zweiten das oben unter Hûnarîx Gesagte zu vergleichen. Das Auftreten desselben Wortes in den Namen von Brüdern ist gut germanisch.

THEUDARÎX.

Geisarix' jüngster Sohn heisst bei Vict. Vit. Theodoricus, al. Theodericus, Theudoricus, Teudoricus. Theodricus, bei Proc. *Θεόδωρος* (vgl. Papencordt S. 430, 6). Der bekannte und berühmte Name der Heldensage ist also auch bei den Wand. vorhanden. Nach unseren bisherigen Untersuchungen wäre als wand. Theudarîx anzusetzen: der Diphthong wie in Theudarjû (S. 61) und in den Varianten Theudoricus, Teudoricus bei Vict.; das *eo* in den überlieferten

Bildungen kann bewusster Annäherung des Namens an gr. *Θεο-δωρ-* entstammen, wie sie den gelehrten Autoren Vict. und Proc. wohl zuzutrauen ist und durch des letzteren *Θεόδωρος* bewiesen zu werden scheint (der Ostgote heisst bei den Griechen immer *Θευδέριχος*); aus dem „gewaltigen Herrscher" eine „Gottesgabe" zu machen, ist für theologische Kreise während der damaligen Zeit dogmatischer Aufregung leicht denkbar. Solche etymologische Schwankungen haben auch den ursprünglich bei den Wand. rein erhaltenen Stammesauslaut des ersten Compositionsgliedes entstellt (s. S. 59. 63), und vulgär-wandalisch ist Theudarîx herzustellen. Über die Function des ersten Gliedes s. S. 62, über das zweite S. 54.

SWÊSAON (?).

Den Söhnen Geisarix' (der Name seiner Tochter ist nicht überliefert) mag sich ein weiterer Verwandter anschliessen, ein „cognatus Geisirici", dessen Namen Vict. Vit. I, 35 im Dat. als Sersaoni, al. Sesaoni mitteilt. Eine völlig dunkle Bildung, die, wenn sie nicht überhaupt unwandalisch, vermutlich bei Vict. wieder entstellt ist. Darf überhaupt Conjectur oder Deutung gewagt werden, dann möchte der Name nach der zweiten Lesart allenfalls herzustellen sein als got. Swês-auns. Der Ausfall des *w* nach anlautendem *s* ist in den Quellen nicht vereinzelt, man vgl. z. B. in den westgotischen Concilien-Acten von 652 den Sindigis = Swinthagis, von 675 den Sinduitus = Swinthawits (Bezzenberger, „*a*-Reihe"), womit nicht bewiesen, ob in dem vorliegenden wand. Namen Schreibfehler oder Dialekt gewirkt hat. Der erste Teil wäre danach das got. swês swêsis „eigen". Der zweite Teil ist sonst nur als erstes Compositionsglied in Namen bekannt (z. B. Aunegildis, Aunemundus, Auno, Aunulfus). Das *ao* im vorliegenden Namen (auch sonst mitunter, z. B. in Aonulphus; Dietrich S. 50) könnte möglicherweise die reguläre wand. Entwickelung des alten got. *au* sein; ganz analog findet sich *ao* als vereinzelte Vorstufe der ahd. Monophthongierung *ô*, wie (das bei den Wand. übliche) *ei* als die des *ê*. Hraos (S. 47) könnte einen weiteren Beleg liefern; sonst ist zu bedauern, dass für das Wand. der Diphthong zufällig in keinem Namen weiter erhalten. Die Bedeutung von aun- soll nach Grimm (Zs. III, 145, wo die trefflichen Zusammenstellungen über aun, eán, ôn zu vgl.) „vis“, „robur“ sein (vgl. weiter Wackernagel, kl. Schr. III, 393), und der Name Swêsaon (mit wand. Abfall des Nom.-*s* nach dentalem *n*) könnte danach sehr wohl dem Selbstbewusstsein eines germanischen Mannes entsprechen. (?)

GAMÛTH.

Unter Hunarix wird der Bruder des oben behandelten Hildica erwähnt: Vict. Vit. II, 15 nennt ihn Gamuth (al. Camut, Canuit). Der Name weist auf got. Ga-môþs. Wiederum Einbusse des auslautenden *s* nach *þ*. Und dann die beachtenswerte Erscheinung, dass das *ô* zu *û* gefärbt, analog der Färbung *ê* zu *î*, wie schon bei Ulf., wenn auch vereinzelter als die letztere (vgl. in der Urkunde von Arezzo neben einander Ala-m*u*d und Ala-m*o*da); hier hat also die Färbung des altar. und westar. *â* nach der dunklen Seite hin das Extrem erreicht: gr. *Προ-μάϑ-ιυς* — got. m*ô*þs — wand. m*û*th.

Hat die Partikel *ga-* die Grundbedeutung des Zusammens, der Vereinigung und das germ. môda- die der „starken Seelenstimmung, heftigen Erregung“, dann überhaupt „Sinn, Geist, Gemüt, Mut“, — man könnte in Gamûth eine Bezeichnung vor sich haben, welche von dem charakteristischen westgerm. „Einhart“ (Scherer, „Vorträge und Aufsätze“, S. 12) nicht allzu weit entfernt läge.

GABADUS.

Wie Hildica unter Geisarix, so ist Gabadus unter Hunarix „Praepositus regni“, dessen Namen wieder nur Vict. Vit. II, 43. 44 giebt: Obadus, al. Cubadus. In demselben ist der erste Teil ebenso entstellt, als der zweite reines Gotisch gewährt: badus, der regelrechte got. Nom. zu badw- „pugna“ (wie skadus zu skadw-eins); die Epenthese baud- (Grimm,

KZ. I, 437; Scherer, z. G. d. d. S.², 74; J. Schmidt, „Vocalismus“, II, 472 ff.; Möller, KZ. XXIV, 427 ff.) ist also noch nicht allgemein geworden; ebenso hat der vorletzte Ostgotenkönig den Zunamen Baduila (Jord. 50, 19. 29), d. i. Badw-ila ohne Epenthese; bei Cass. ein Ostgote Marabadus comes (doch schon die Variante Marabaudus); und für das Wand. werden wir ausserdem finden Marivadus, d. i. Mari-badus, aber auch das vollere Simplex Baudus (vgl. S. 70. 76). Das *b* in O-badus ist nicht phonetisch als *v* geschrieben (s. S. 70) und beweist um so mehr die Richtigkeit unserer Wortteilung und Ableitung.

Mit dem ersten Teile ist in der überlieferten Gestalt nichts anzufangen; aus der zweiten Lesart stelle ich Cabadus, d. i. Gabadus her, und der Name bedeutet „Kampfgenosse“; über die häufige Vergröberung des *g* zu *c* in wandil. Namen vgl. Dietrich S. 73; man wird den Lautwert des got. *g* ganz nach dem des lat. bemessen können, denn der genannte Wechsel ist überhaupt im Lat. nicht selten (vgl. bei Seelmann S. 342 f. die inschriftlichen Belege); dass es sich für die spätere Zeit weniger um lautliche Gründe als um nachlässige Schreibung handelt, zeigten z. B. auch oben die Varianten Camut, Canuit zu Gamuth.

WITARÎTH.

Ein Notarius Hunirici heisst bei Vict. Vit. II, 3. 41: Vitarit. Streng got. wäre zu schreiben Wita-rêþs. Den ersten Teil fanden wir schon oben in Andwit (S. 62), welches zu vergleichen; hier streng grammatisch der reine Stamm. Was das zweite, in Namen häufige Compositionsglied betrifft, so geht aus dem got. -rêþs (got. rêdan raírôþ „raten“, ahd. -rât, ags. -rêd, an. -rádr; Grimm, Gramm. II, 515)[1] für das

[1] Hinfällig ist die Etymologie von Wackernagel (kl. Schr. III, 394), der das -rith mit „reiten“, „bereit“ in Verbindung bringt, und die von Grimm (Zs. III, 147 ff.), wenn er durch gr. Schreibungen wie *Οπταρις* sich zur Ableitung von harjis veranlassen lässt; so nennt er auch Gramm. II, 515 unter den mit -rêds zusammengesetzten Namen keine gotischen. — Wie -rêþs erscheint als erstes Compositionsglied auch das gleichbedeutende ragin, vgl. Raginari (S. 86).

Wand. durch Abfall des auslautenden *s* und durch extreme Färbung des *ê* -rîth hervor. Erscheint dafür mitunter -rit, so wird das nur für eine Nachlässigkeit lateinischer Orthographie zu halten sein, welche zumal am Ende des Wortes leicht möglich war, sich aber auch an andern Stellen zeigt (man s. die häufige Schreibung Trasamundus u. a.); sie tritt besonders deutlich zu Tage, wenn in einer und derselben Neapeler Urkunde Uuiliarit und Wiljariþ zu lesen. Da in -rêþs, -môþs u. ä. das *þ* hinter Vocal für germ. *d* nach speciell got. Lautgesetz eingetreten ist[1], läge die Gefahr nahe, in obigen vereinzelten *t* die ersten Spuren der zweiten Verschiebung zu erblicken; das verbieten aber, abgesehen von dem sonstigen wand. Lautstand, diesmal schon die Griechen, die hier das im Auslaut gelispelte -rith in -*ρις* verschleifen (vgl. Hildiris bei Isid.), mit auffälliger Genauigkeit aber in flectierten Casus -*ριδος* u. s. w. bilden, und ausserdem speciell für unsern Fall die Varianten, welche als Acc. Uuitared und Uidaredum geben, ebenso wie bei Vict. Vit. III, 19 die Form Hildirit durch die überzeugenden Lesarten Hilderith, Hilderidum begleitet ist.[2] Über die eigenartige Vertauschung der Compositionsglieder -rîx und -rîth vgl. oben S. 55. — Also wand.: Witarîth.

CYRILA.

Auf dem Religionsgespräch zu Carthago von 484 war der Patriarch Cyrila Führer der Arianer. Sein Name ist

[1] Dasselbe ist jedoch unbeachtet geblieben in Schreibungen wie Frigerid, Rumorid, Recared (vgl. Dietrich S. 72 f.) und auch in einigen Fällen bei Ulf. Dieselben sind von A. Kock (Zs. XXV, 226—232) zusammengestellt und behandelt, welcher darin keine orthographische Nachlässigkeit, wie Braune („got. Gramm." § 74, Anm. 1), sehen, sondern sie aus dem Accent erklären will.

[2] Die wieder von Bremer (Beitr. XI, 7, Anm. 1) gehegten Bedenken, dass in den got. Namen auf -rith, -rid, -ritus, -ridus neben got. -rêd- auch ein germ. rid- zu Grunde liegen könne, kommen für unsern vorliegenden Namen also nicht in Betracht. Ob sie sich für got. Namen überhaupt aufrecht erhalten lassen, erscheint mir zweifelhaft; doch kann erst kritisch gesondertes Material der einzelnen wandil. Mundarten hier entscheiden.

nicht ursprünglich germ.; das mit auffallender Gleichmässigkeit von den Quellen gegebene Cy- spricht dagegen. Der Name knüpft an gr. κύριος, das auch ins Got. gedrungen war, wie unser Wort „Kirche" beweist (ahd. chirîhha — got. *kyreikô aus gr. κυριακόν, wie aíwaggêljô aus εὐαγγέλιον), wenn auch sonst Ulf. das gr. κύριος durch frauja wiedergiebt. Die Deminutivendung -ila (Greg. Tur., Fredeg. -ola) vollzog die Gotisierung.[1] Der Name ist nicht vereinzelt, Cyrila heisst auch ein Gotenherzog von 458.

MARIVADUS.

Marivadus ist der Name eines weiteren arianischen Zeugen der carthagischen Synode, der zweimal überliefert: einmal in der „Anonymi declaratio quorundam locorum de Trinitate contra Varimadum arianae sectae diaconum" (nach „Bibl. max. patrum", t. VII, p. 8), die dem Vigilius von Thapsus fälschlich zugeschrieben wurde (vgl. S. 17); und sodann bei Vict. Vit. I, 48 als Marivadus. Man hat treffend beide Personen, den Varimadus und den Marivadus, identificiert und den ersteren Namen erklärt aus einer Metathesis von *m* und *v* im ursprünglichen Marivadus; denn letzterer war als eifriger Arianer am Hofe Hunarix' sehr beliebt und deshalb ein offener Angriff auf ihn gefährlich: so wählte denn sein orthodoxer Gegner dieses Versteckspiel.

Marivadus ist Mari-badus; das zweite Compositionsglied dasselbe wie im Gabadus, w. s. S. 67. Bekannt ist für got. Namen bei den Lateinern die phonetische Schreibung *v*[2] statt *b* im Inlaut zwischen Vocalen (ähnlich im An. in „gefa"), während *b* im Anlaut constant ist, woraus folgt, dass die germ. tönende Spirans *β* sich noch im Got. inlautend zwischen Vocalen erhalten, anlautend zum tönenden Verschlusslaut verschoben hat. Es liegt demnach in Marivadus eine phone-

---

[1] Derartige Gotisierungen fremder Worte sind nicht vereinzelt, vgl. z. B. bei Ulf., Matth. VIII, 16. 28, Luc. VIII, 36 u. ö. daimonareis für gr. δαιμονιζόμενος.

[2] Die Schreibung *v* behalten wir hier bei zum Unterschied von dem Halbvocal *w*.

tische Schreibung vor, welche in Ga-badus der etymologischen gewichen ist. Dass die erstere im wand. Marivadus üblich war, wird durch die buchstäbliche, mechanische Umstellung in Varimadus bewiesen und hat seinen Grund in dem den Germanen zu allen Zeiten geläufig gewesenen Namen, bei welchem das Gefühl einer Composition längst abgeschwächt war (vgl. Marbod bei Tac.; Merobaudes bei Idat.; Meribaudus bei Ennod.; Marabadus, Marabaudus bei Cass.; Merobaudes bei Amm. Marcell. u. s. w. u. s. w.). Die westgotische Schreibung Reci-verga zeigt dieselbe Erscheinung.

Für den ersten Teil des Namens ist an got. *mar „Meer" (s. S. 49) anzuknüpfen, welch letzteres in gleicher Form bei Ulf. in mari-saiws erhalten ist; das spätere Auftreten desselben Namens im Fränk. als Merobaudes mit Umlaut bestätigt diese Ableitung.

Marivadus ist also der „Seekämpfer", „Seeheld".

„FRÔJA ARMÊS."

Einer echten Schrift des Vigilius entstammt jener Sprachbrocken, der, so gering er ist, sorgfältigste Beachtung verdient: das S. 18 citierte „Sihora armen", über dessen Herkunft und Datierung ebenda zu vgl. Ich gebe hier die ausführliche Stelle wieder aus dem massgebenden Aufsatze Holtzmanns (Germ. II, 448), welchen Förstemann (Sprachstamm II, 186) nicht kennt: „In den älteren Ausgaben der Werke Augustins wird in der epistola 178 [vgl. dazu S. 18] eine barbarische Formel Sihora armen angeführt und mit domine miserere übersetzt. Die Benedictiner, die zuerst kritisch verfuhren, bemerken in der Note, dass die barbarischen Worte in den Handschriften ganz anders lauten, nämlich Shroia armen, Kuroia armes und Fhrota armes [1]. Danach ist nicht zu bezweifeln, dass Frôja armês hergestellt werden muss. Dies ist vollkommen richtiges Gotisch, wobei

[1] Ich finde bei Migne, „patrol. lat." 33, col. 1162, Anm.: „Ms. Arnulf.: Shroia armen; Corb. vero: Kuroia armês; habetque ascriptum in margine: Kuroia eleimen. Denique vetus cod. Ms., quem vidit Nicolaus Rigaltius, praefert Fhroti armes".

lehrreich ist, dass *ô* für *au* und *ê* für *ai* steht; denn bei Ulf. wären die Worte frauja armais geschrieben. Der Conj. armais statt des Imper. armai ist ganz in der Ordnung und findet sich ebenso bei Ulfilas."

Danach steht die wand. Herstellung „frôja armês" statt got. „frauja armais" fest. Über weitere grammatische Deutung und Folgerung im nächsten Cap.

GUNTHAMUND.

Entsprechend dem die Senioratserbfolge bestimmenden Gesetz Geisarix' wurde Gunthamund, Sohn Gintuns, Hunarix' Nachfolger (484—496). Unter seiner Regierung verminderten maurische Einfälle und Annexionen, sowie 491 die Abtretung Siciliens an Theodorich d. Gr. den wand. Landbesitz.

Unter den Quellen, welche uns seinen Namen geben, sind zwei von entscheidender Wichtigkeit, einmal der Dichter Dracontius, welcher seine „Satisfactio" (s. S. 20) aus dem Kerker „ad Gunthamundum Guandalorum regem" richtete, und dann eine Reihe Münzen des Königs. Beide ergeben Gunthamund als die rein wand. Form, wie sie mit den bisher gefundenen wand. Lautgesetzen völlig im Einklang steht: gunþa- „pugna" (wie schon in Guntharîx, w. s. S. 54) und mund „tutela" (vgl. ahd. mhd. munt „Schutz, Hand"; ebenso ags. mund; an. mund „Hand"; langob. mund, st. Fem., „Schutz") mit der gewöhnlichen Einbusse des *s* nach *d*.

Dem Dracont. schliessen sich Jord. und Vict. Tunn. an mit Gunthamundus, das auch bei Prosp. August. für das verderbte Guntamundus herzustellen; von den Griechen hat Proc. *Γουνδαμοῦνδος* und Theoph. *Γονδαβοῦν*.

Die Münzen geben 1) Gunthamund, 2) Gunthamund oder Gunthamundu, 3) Gun . . . . ., 4) Cundanund (zweifelhaft), 5) Guntha . ., 6) Guntha . ., 7) . . utha, 8) Cuntha, 9) Guntha.

ANSILA.

In derselben „Satisfactio" des Dracont. lauten V. 213 und 214:

„Contulit absenti terrae pelagique triumphos,
„Ansila testatur, Maurus ubique jacet".

Der hier gegebene Name Ansila macht Schwierigkeiten, da er sonst bei den kriegerischen Erfolgen Gunthamunds nicht genannt wird. Bei sonstigem Erscheinen des Namens in wandil. Dialekten erklärt er sich meist als Schreibfehler für Ausila. Doch geben für unseren Fall alle Codices übereinstimmend Ansila, weshalb alle Conjecturen in Ausila, Attila, Amsaga, Antala willkürliche sind. (Vgl. Migne, „patrol. lat." 33, col. 651 f. und Dahn, „Könige" I, 160, 1.) Ist Ansila die richtige Form eines wand. Personennamens, so würde die Anknüpfung an die Ansis des Jord.[1] (got. anseis, an. æsir, ags. ês) am nächsten liegen und hier für die ursprüngliche Stammesgemeinschaft der Got. und Wand. auch ein mythologischer Beweis vorhanden sein.

GÔDAGIS.

Godagis (Vict. Vit. II, 14) ist ein Bruder Gunthamunds. Für seinen Namen[2] kann ganz auf Godagisl (S. 51 f.) verwiesen werden. Das zweite Compositionsglied zeigt hier seine schwache und unabgeleitete Form.

GEILARÎTH.

Ein weiterer Bruder Gunthamunds und Vater des letzten Hasdinges Geilamir ist bei Proc. I, 350, 10 überliefert im Gen. als Γιλάριδος (al. Γειλάριδος, Γελιλάριδος). Der erste Teil enthält ein ι, für welches im Wand. der Diphthong *ei* (vgl. die erste Variante) ebenso einzusetzen ist wie im Namen Geilamirs, unter welchem wir ausführlich auf Form und Function des Compositionsgliedes zurückkommen. Ob wand.

---

[1] Jord. 76, 13: „Proceres suos .... non puros homines, sed semideos, id est Ansis vocaverunt."

[2] Ebenso ein langob. Godegis. Jedoch nicht zu identificieren mit dem urnord. GodagaR (Inschrift von Valfsjord), dessen Bildung (altn. *Gôþagr) vielmehr dieselbe ist wie in heilagr, got. hailags (zu hails).

Geilarîth oder Geilarîx herzustellen, lässt sich aus der einen gr. Quelle nicht entscheiden; vgl. unter „Witarîth“ S. 68 f. und unter „Guntharîx“ S. 54 f.

THRASAMUND.

Der nächste Hasdingenkönig ist Thrasamund, der Bruder des vorigen, 496—523. „Dieser Fürst, dessen Schönheit, Geist und Bildung gepriesen werden, hob noch einmal das Reich Geisarix' zu einigem Glanze durch enge Verbindung mit dem schimmervollen italischen Gotenstaate unter Theodorich d. Gr.“, seinem Schwager. Freilich konnte dies zunehmende Verluste durch die Mauren nicht hindern.

Unter den Schreibarten der zahlreichen Quellen, welche von ihm erzählen, lässt sich eine bestimmte chronologische Entwickelung nicht aufstellen. Die ersten Autoren, welche wir in unserem vorigen Capitel anführten, geben auch ebenso viele verschiedene Gestalten des Namens: Trasimundus, Transamund, Thrasamundus, Transmundus, Trasamundus; und dieser bunte Wechsel findet sich die ganze Reihe der Historiker hindurch. Die Entscheidung gewähren auch hier die erhaltenen Münzen, welche Thrasamunds geben (Friedländer S. 7). Gleichfalls authentisch und mit dem Münzenergebnis übereinstimmend ist eine akrostichische Inschrift, welche auf den von Thrasamund erbauten und von wand. Dichtern besungenen Bädern zu Aliana stand; sie ist wiedergegeben in der Anthol. lat. (ed. Meyer Nr. 892, ed. Riese Nr. 214, s. S. 22) und besteht aus zwölf Hexametern, deren Anfangsbuchstaben den Namen Thrasamundus ergeben. Endlich bezeugen dieselbe Form die gleichzeitigen Poeten Flav. Felix und Florentin., sowie Jord. Somit kann kein Zweifel sein an der got., resp. wand. Form des Namens, welcher auch sonst im wandil. Namenschatze vorkommt.

Das erste Compositionsglied erscheint auch bei Ulf. in þrasa-balþei und bedeutet „Streit“ (Grimm, Gramm. II, 479; Kremer, Beitr. VIII, 430), wie es auch vorliegt in Thrasaricus, Thrasimirus. Die Schreibungen ohne *h* sind rein orthographische, wie sie besonders im Auslaut häufig sind (vgl.

S. 69). Über die ungotische Einschiebung des *n* vor *s*, wie wir sie für Thrasamund bei dem Verfasser der römischen Hilarius-Handschrift, bei Cass., bei dem Autor des „chron. breve“, bei Paul. Diac. fanden, ist schon oben S. 58 f. ausführlich gesprochen, worauf nur zu verweisen.

Der zweite Teil des vorliegenden Namens erschien schon in Gunthamund, w. s. (S. 72). Das auslautende *s* der Münzen Thrasamunds (s. o.) für erhaltenes got. Nom.-*s* anzusehen, würde allen sonstigen wand. Belegen widersprechen; dasselbe ist gewiss nur als Abkürzung der lat. Endung *-us* zu betrachten, um so eher als den Namen auf den Münzen ein lat. „D. N. R.“ (dominus noster rex) vorhergeht; anders erscheint der Rest solcher Latinisierung auf einer Münze des vorigen Königs als Gunthamundu.

PINTA.

In der Vita Fulgentii (S. 25), einer durchaus authentischen Quelle, findet sich S. 237 der Name Pinta eines arianischen Bischofes und Beraters Thrasamunds, der eine Streitschrift gegen die Orthodoxen verfasste und in Fulgentius seinen Gegner fand.

Mit dem Namen ist nichts anzufangen. Ist das *p* got., so wird er bedenklich, da anlautendes *p* im Got. fast ganz fehlt, so oft es vorkommt, auf Entlehnung, meist allerdings schon urgermanische, weist; wäre das *p* etwa hochdeutsche Verschiebung, bliebe die Ableitung ebenso dunkel. Die Autorität der Quelle verbietet vage Conjecturen; sonst könnte man an den thracischen Goten Plintha denken (Dietrich S. 81) oder an einen römischen Consul Plinta vom Jahre 419 oder an den ags. Pinda (Liber vitae 11, 2, für welchen jedoch Sweet Piuda liest).

FRIDAMAL.

Wir kommen an die vereinzelten Namen, welche S. 21 f. sich aus den in der Anthol. lat. erhaltenen lat. Gedichten wandalischer Poeten ergaben, besonders aus den Versen des Luxorius.

So aus ep. 315. 316 der vornehme Wand., dessen Garten gerühmt wird: Fridamal.

Der Name ist die Umstellung des got. Amalafridus (so auch bei den Wand. bekannt: Thrasamunds Gemahlin war die Ostgotin Amalafrida). Vgl. über frid-, got. friþu-, oben S. 52. Der zweite Teil des Namens erscheint in derselben Gestalt Amal als Name des vierten Amalers bei Jord. 76, 17. 18 und bedeutet „strenuus, industrius, infatigabilis": got. amals, wand. amal mit Abfall des *s* nach dentalem *l*.

BAUDUS.

Im ep. 318 „in podagrum venationi studentem" lauten V. 4 und 5:

„Esse inter juvenes cupit, vocari
„Baudus, dum misero gemat dolore
„Et nil praevaleat."

Im Namen (Beinamen?) Baudus liegt wieder das in Gabadus und Marivadus bereits erschienene got. badw-vor, dessen Bedeutung gleichzeitig durch den ironischen Inhalt dieser Verse veranschaulicht wird. Im Gegensatz zu Ga-badus und Mari-vadus ist die Epenthese hier bereits vollzogen; vgl. S. 67. Sie erscheint als eine Steigerung, welche eine Folge des Accentes, des vollen Hochtones ist, wie er in dem Simplex Badus — Baudus herrschte; dagegen unterblieb sie in den Compositis Gabadus, Marivadus, wo die Silbe nur einen zweiten Hauptton trug und damit an Selbständigkeit eingebüsst hatte.

BLÛMARÎTH.

Aus ep. 337, 2 der Name Blumarit mit gewohnter orthographischer Nachlässigkeit für rein wand. Blûmarîth, wo gleichzeitig beide extreme Vocalfärbungen zu beobachten. Blûma ist got. blôma („Lilie, Blume", Matth. VI, 28), -rîth das bekannte got. -rêþs. Der erstere Teil des Namens dürfte in übertragenem Sinne auf Jugend, Jugendkraft deuten.

HÔHAGEIS.[1]

Es folgt in ep. 343 der Gen. Eugeti (al. Euangeli). Es liegt nahe, darin den Bruder des Hohamir zu sehen, den Vetter des Königs Hildirix, der 533 unter Geilamir seinen Tod fand, und den Proc. I, 351, 7. 383, 15 *Εὐαγέης*, Theoph. p. 289 *Εὐαγέτης* (al. *Εὐαγέης*) nennt. Von diesen gewiss ungermanischen Umbildungen des Namens[2] wäre für das Wand. abzusehen, wenn seine von Meermann (in Meyers Anthol. lat. zu ep. 343) und von Dahn („Könige", I, 166, 1) aufgestellte Identität mit dem Oageis bei Luxor. ep. 356. 376 begründet ist. Die Frage wird schwer zu entscheiden sein. Vielleicht ist die genannte These aus den Principien germanischer Namengebung, auf welche wir am Schluss kurz eingehen werden, zu stützen. Der Bruder des angeblichen Euages ist der S. 79 behandelte Oamer, d. i. Hôhamîr. Stellt man dem entsprechend den Oageis des Luxor. (mit bekanntem Ausfall des *h*) als Hôhageis her, dann könnte die Bruderschaft des Hohamir und Hohageis (al. Euages) durch das Auftreten desselben Bildungsgliedes in ihren Namen, wie solches in germ. Namen häufig, ja erwünscht war, bestätigt werden.

Danach wand. Hôhageis, got. Hôha-gais; hôha „Pflug" bei Ulf. Luc. IX, 62; das zweite Compositionsglied liegt dann hier als solches auch in seiner „starken" Form vor gegenüber dem -gis in Gôda-gis, wie ebenso in andern wandil. Namen (vgl. Radagais, Ariogais, Laniogais, Merogais; vgl. S. 52).

FRÎDUS.

Ep. 382 findet sich ein Fridus (wie in der Urkunde von Neapel ein Sunie-fridus): eine masc. Bildung vom Stamme got. friþu (s. S. 53. 76), auch hier mit der tönenden Spirans

---

[1] Vgl. die Anm. [1] auf S. 94.

[2] Durch Graecisierung (schon Grimm, G. d. d. S.[1], 478 erinnert an gr. *Εὐάγης*) oder sonstigen fremden Einfluss (ein Euax rex Arabum bei Dracont. p. 52).

d. Die Endung *-us* ist die got.-wand., das beweist zu dem lat. Gen. Fridi die gewiss got. Variante Fridus, wie schon bei Ulf. wiederholt *u* im Gen. Sing. und den andern *au*-Casus (Leo Meyer, „die gotische Sprache", 574).

WANDALARÎX,

ep. 1112, 1, Ehrentitel für König Hildirix, s. S. 39. 54.

ETEMUND.

Schliesslich die beiden Dichter, deren Namen nach Meyer und Massmann wand. sein sollen, die Verfasser der Epigr. 545—547: Etemund und Tuccianus (vgl. S. 22).

In Etemund (Massmann sagt Etesmund) ist das zweite Glied geläufig, das erste könnte erinnern an den ersten Teil von Eterpamara, al. Ethespamera bei Jord. 65, 4, ohne dass für seine Deutung sonst etwas beizubringen wäre.

Wenn aber Meyer (Anthol. lat. XXXIII) von Tuccianus sagt: „Hunc natione Wandalum fuisse ex nomine conicio", dann bedaure ich das nicht auch zu können; vielmehr wird Tuccianus nichts anderes heissen als „ein Einwohner von Tucca", wenn hier auch das ablautende *i* auffiele; Tucca, *Τοῦκκα* ist ein mehrmals vorkommender Städtename in Afrika: 1. in Mauritania Caesariensis, 2. in Numidien, 3. in Byzacena; aus letzterem mag unser Versemacher stammen. Sollte die Variante Lucanus berechtigt sein, dann ist der Name ebenso wenig wand. und über ihn Riese (Anthol. lat. I, p. XXVIII, Anm.) zu sehen.

HILDIRÎX.

Erst auf Thrasamund folgte Hunarix' Sohn Hildirix, welchen dieser durch Mord und Beseitigung älterer Familienglieder zu seinem unmittelbaren Nachfolger zu machen vergebens versucht hatte. Er regierte 523—530 und schien mit allen Traditionen seines Geschlechtes brechen zu wollen. Teils aus Ohnmacht, teils durch Einfluss seiner Mutter Eudokia begünstigte er die Orthodoxen, beschleunigte den Sturz des

Reiches durch Bruch mit den Ostgoten und Annäherung an Byzanz, „konnte von Krieg nicht einmal reden hören“ und fand endlich sein trostloses Ende durch Geilamir, den Führer der nationalen Gegenpartei.

Die Bildung seines Namens liegt auf der Hand als got. Hildi-reiks. Die wand. Form ist auch hier durch Münzen erhalten (Friedländer, S. 29 f.). Dieselben geben Hildirix, Hilderix und zeigen ein Schwanken in der Erhaltung des Stammesauslautes, welches das palatale *i* naturgemäss eher ergriff als das im Wand. erhaltene *a*. Ebenso bei Vict. Vit. III, 19 Hild*i*rit, bei Coripp. Hild*i*mer, bei den andern Autoren Hild*e*ricus, Ἰλδέριχος, wenn nicht gar völliger Ausfall des *e* eintritt, wie bei Luxor. vielleicht aus metrischen Gründen. Der Name beweist den ursprünglichen *i*-Stamm (ahd. hiltja, vgl. S. 60). *I*lderich bei Jord. (jedoch mit den Lesarten *H*ilderich, *H*ilderic, *H*ildericus), Ἰλδέριχος bei Proc. und Theoph. (bei Malalas entstellt Γιλδερίχος) geben Belege für die Schwäche des got. *h*-Lautes, der *Ch*ildericus bei Greg. Tur., Fredeg. und in der „Collect. chronogr.“ für die verhältnismässige Stärke des fränk.

Was das zweite Compositionsglied betrifft, so ist über seine wand. Form unter Guntharîx (S. 54 ff.) ausführlich gehandelt, wie sie durch Prosp. August. und besonders die Münzen unanfechtbar gewährt wird; -rîx ist lat. Orthographie für got. -reiks, und an das celt. -rix ist dabei unmittelbar nicht zu denken. Ebenda vgl. über den Auslaut des Hilderic bei Vict. Tunn. und des Ilderich bei Jord., sowie über den häufigen Wechsel von -rîx und -rîth (Vict. Vit. — Hildirit, Isid. — Hildiris, wozu S. 69). Die Bildung Hildimer bei Coripp. würde in ihrer Function mit dem bald zu erwähnenden Gunthimer zusammenfallen.

HÔHAMÎR.

Der Vetter des Hildirix und Bruder des Hôhageis (? s. o. S. 77), welcher an Stelle des weichlichen Königs

[1] Vgl. die Anm. [1] auf S. 94.

die wand. Kriegsführerschaft vertrat und daher der „Achilleus der Wandalen" heisst, später unter Geilamir gefangen wurde, heisst bei Proc. *Ὀάμερ,* bei Vict. Tunn. Oamer (al. Oamerdigus) und bei Theoph. *Ἄμερ* (zweimal, zur ersten Stelle die Variante *Ἀμεργοῦς*).

Der Spiritus asper des Proc. unterstützt die Ableitung von got. hôha „Pflug" (s. o. S. 77). Dietrich (S. 64) ging bei seiner Etymologie des Namens von der Variante bei Vict. Tunn. aus, nahm deshalb an, dass bei den Griechen ein Endconsonant abgefallen sei, und erklärte den Namen als „Pfluglöhner" aus got. hôha und mizdô, also = got. *Hôhamizdeigs. So geistreich diese Ableitung auch ausserhalb ihres dialektischen Rahmens erscheinen mag, so wenig thatsächlichen Bestand hat sie innerhalb desselben. Zunächst ist Dietrichs Ausgangspunkt eben nur die Variante bei Vict. Tunn. zu seinem sonst völlig mit Proc. übereinstimmenden Oamer; aber Dietrichs Ansicht von der sicheren Zuverlässigkeit des Vict. Tunn. ist während unserer Untersuchung schon öfter ins Schwanken gekommen; und wie die Variante Oamerdigus bei Vict. Tunn. könnte die Variante *Ἀμεργοῦς* bei Theoph. die gleiche Berechtigung haben. Ferner giebt die angebliche Verschiebung des got. mizdô zu merd- zwar Dietrich eine neue Stütze für den von ihm wiederholt behaupteten weiten hochdeutschen Fortschritt des wand. Lautstandes; ein solcher ist aber absolut nicht in der Ausdehnung vorhanden, wie Dietrich will, und dem angeblichen merd- aus mizdô steht der geläufige Name der Hasdinge (Hazdiggôs) ohne alle Spur einer begonnenen Verschiebung gegenüber, von Geisarix u. v. a. ganz zu schweigen. Endlich dürfte die Verschiebung merd- auch nicht übereinstimmen mit der sonstigen westgerm. Entwickelung des germ. *mizdhâ-, wo das *ê* in mêda, mêta vermutlich durch Ersatzdehnung entstanden nach Ausfall des *z* (allerdings im Ags. neben mêd meord belegt). Demnach erscheint Dietrichs Etymologie und der Beleg für eine frühe Wandelung des alten *z* in *r* hinfällig, und es wird für den zweiten Teil des Namens einfach an -mer, got. -mêrs, wand. -mîr festzuhalten sein: Proc. giebt stets -*μερ* dafür, so auch hier, und Vict. Tunn. hat auch sonst keine extreme Färbung des *ê* zu *î*, wie Geilimer und Gunthimer bei ihm erweisen. Auch hier, wie Vict. zeigt, Ausfall des Nom.-*s* nach dentalem *r*.

Also got. Hôhamêrs, wand. Hôhamîr „der Pflugberühmte"; und die beiden Brüder Hôhageis und Hôhamîr zeigen in ihrer Namenbildung eine Verwandtschaft, wie ebenso Geilarîth und Geilamîr.

GEILAMÎR.

Geilamir, Sohn von Geilarith, Neffe von Gunthamund und Thrasamund, entriss im Jahre 530 dem kraftlosen Hildirix das Hasdingenscepter, konnte aber, wenn auch persönlich noch einmal ein wahrer wand. Heldencharakter, den Niedergang des durch die stete Zwietracht zwischen Nationalen und Römerfreunden schon zerfressenen und jetzt in Üppigkeit aufgehenden Reiches nicht hemmen. Justinian trat als Bundesgenosse des gefangenen Hildirix auf, und 533 fiel Carthago in die Hände Belisars; die grosse Schlacht bei Trikameron im gleichen Jahre und 534 die Gefangennahme des Geilamir, den die Überlieferung in seiner letzten Zeit mit einer eigenartigen Tragik gezeichnet, brachten dem gewaltigen Hasdingenreiche seinen Untergang, dessen erster Keim wohl in Geisarix' Erbfolgegesetz wurzelt, und der in dem Ende des Ostgotenreiches eine eigentümliche Parallele findet.

An der echt wand. Form seines Namens kann kein Zweifel sein wegen des Vorhandenseins authentischer Münzen, welche Geilamir geben: wiederum *ei* für got. *ai*, der Stammesauslaut *a* rein erhalten, in -mîr die durchgeführte Färbung aus *ê* und Wirkung des consonantischen Auslautgesetzes nach Dental: für got. Gailamêrs. Genau dieselbe reine Form Geilamir giebt auch der zuverlässige Coripp. Die älteste Quelle für den Namen, die augustanische Bearbeitung Prospers, giebt gleichfalls Geilamer, und den Diphthong hat auch der Geilimer des Vict. Tunn.[1] Ausser diesen aber haben die Quellen

[1] Dahn („Urgeschichte" I, 223) erwähnt eine kürzlich bei Triest gefundene Schale Geilamirs mit Umschrift; dieselbe ist mir unbekannt geblieben; sollte sie in der etwaigen Namensform abweichen, so würde sie gegenüber den Ausschlag gebenden Münzen doch ohne Belang sein.

alle ein eigentümliches Gelimer oder ähnliche Formen: so schon Marcell. — Gelimer, desgl. Jord., Marius Avent. u. a., und wenn in dem gleichmässigen Γελίμερ der Griechen (Lyd., Proc., Malal., Menand., Theoph.) das erste ε gleichen Ursprung hat wie das zweite, so weisen auch sie auf Gêlimêr; Greg. Tur., Paul. Diac. u. a. haben noch weitere Entstellungen.

Der erste Teil des Namens, der sich auch in dem von Geilamirs Vater Geilarîth findet, ist abzuleiten von einem Adj. got. *gails (wovon gailjan „erfreuen“ 2. Cor. II, 2, wie von hails hailjan), ahd. mhd. geil, ags. gâl, „von wilder Kraft“, so dass Geilarîth, Geilamîr ebenso correcte Ableitungen wie Witarîth u. a.; und es ist nicht einzusehen, weshalb Grimm (G. d. d. S.[1] 478) „in der ersten Silbe got. ê annimmt, um auf ahd. keil, ags. gâl zu gelangen“. Das Wort findet sich auch sonst in Namen, z. B. bei den Westgoten in Geila und Gailesuintha. Auffallend ist aber das erwähnte frühe Auftreten der Form Gelimer. Dietrichs Auskunftsmittel für dieselbe, dass die Griechen den ursprünglichen Diphthong nach ihrer Art mit ε wiedergegeben hätten und von ihnen dann die Entstellung auch auf die Lateiner ziemlich allgemein übergegangen wäre, wird dadurch hinfällig, dass Gelimer schon vor Lyd. und Proc. (übrigens bei letzterem in einer Variante ει) sich bei Marcell. und Jord. findet. Es wird zu diesen über den Umweg anderer Dialekte gelangt sein (vgl. zu Jord. S. 5) und ist jedenfalls unwandalisch, so dass der „Gelimer“ aus unseren geschichtlichen Darstellungen ebenso zu entfernen ist wie der „Genserich“, welche beide mit gleicher Hartnäckigkeit bisher festgehalten wurden.

AMATA.

Für den tapferen Bruder Geilamirs, der in der Schlacht bei Decimum seinen Heldentod fand, wird die Namendeutung durch seine ausschliesslich griech. Überlieferung erschwert: Proc. hat Ἀμμάτας (einmal mit der Lesart Ἀμάτας) und Theoph. hat Ἀματᾶς. Grimm denkt an einen ahd. Anthad (wie Θευδάτος zu Thiudahaþus), Zeuss erinnert an einen Franken Ommatius, und Förstemann stellt Namen dazu wie Amizo,

Amaza, Amathildis, Amatlaicus und knüpft an ags. emeta „quies“.

Der Name scheint unser „emsig“: mhd. emzec, emzic, ahd. emazzig, emizzig ist Ableitung mittels des Suffixes *-ig* aus ahd. emiz (wozu mhd. emezlîche), und dies könnte auf einen got. Stamm in der Form *amat- weisen, wovon der erste Teil, wenn die herkömmliche Etymologie richtig ist, in unserm „Ameise“ sich erhalten hätte (vgl. Kluge, „Wörterbuch“, S. 7. 65). Die schwache Form Amata liegt dann der griech. Form zu Grunde, wie der Gote *Γώδας* bei Proc. I, 10, den Geilamir zum Statthalter von Sardinien macht, für got. Gôda steht, der Wand. Stotzas bei Jord. u. a. für Stutja (s. S. 88), der Ostgote Totilas u. a.[1] Für diese Erklärung liegt die Form mit einem *m* zu Grunde; die des Proc. mit *mm* ist vermutlich nur orthographische Abweichung[2] (vgl. Dietrich, S. 70).

TATA (?).

Die letzten Hasdinge, welche die Wandalengeschichte nennt, zeigen noch einmal im letzten Aufflackern die alte Heldenschaft ihres Stammes; so auch ein zweiter Bruder Geilamirs, der nach heissem Ringen auf dem Schlachtfelde von Trikameron blieb.

Proc. nennt ihn *Τζάζων*, Theoph. *Τζάτζων* und die Hist. misc. vermutlich nach letzterem Ztatzon; wie man sieht, wieder eine recht trübe Tradition, wo für willkürliche Conjecturen und Vermutungen weiter Spielraum; wer weiss, auf welchen entstellenden Umwegen der Name zu unseren Autoren gelangt ist, um in ihrer Graecisierung weiter entstellt

---

[1] Wie umgekehrt bei Vict. Vit. I, 28 der Name Thomas zu Thoma gotisiert ist.

[2] Sonst könnte allenfalls an got. amsa „Schulter“ gedacht werden: got. Assimilation von *ms* zu *mm*, wie in dem Verhältnis von got. mimz zu got. mammô mit der Grundform *mamsa (Zimmer, Zs. XIX, 401). Der Name wäre dann, wie häufig, nach einem Körperteil oder körperlichen Fehler gebildet (vgl. Heintze, „die deutschen Familiennamen“, S. 49).

zu werden. Der Stamm Tata, ahd. Zaz, erscheint bei allen germ. Stämmen in weiter Verbreitung (vgl. die Zusammenstellung bei Stark, Wien. Sitz.-Ber. Bd. 52, S. 323. 325). Für Dietrich ist die Form Tzazon natürlich eine gewichtige Stütze seiner These von dem hochdeutschen Fortschritt der Wand. (vgl. o. S. 80), und er lässt sie diesmal sogar (S. 84) durch die Schreibung des Griechen Proc. sicher gestellt sein. Wahrscheinlich ist aber das *z* der Überlieferung ebenso ungotisch und eine Eigentümlichkeit der griech. Quellen, wie oben (S. 65) in *Γένζων* und in Schreibungen wie *Βουργουζίωνες* u. a. (Dietrich S. 83) (ebenso bei Jord. Burgun[d]zones und Scandza), und man hat got.-wand. einfach Tata herzustellen. Bei den Griechen die Endung *-ων* für got. schw. *-a* wie in *Στελίχων* für Stilica.

Vielleicht lässt sich Entscheidung erwarten, wenn das Erscheinen des Namens in den übrigen wandil. Dialekten kritisch zusammengestellt ist.

GIBAMUND.

Zwei weitere Heerführer unter Geilamir in den Entscheidungsschlachten sind zwei Verwandte von ihm, Gibamund und Gunthimir.

Gibamund, der bei Decimum fiel, heisst bei Proc. *Γιβαμοῦνδος*, bei Vict. Tunn. (und Isid.) Gebamundus. Die Etymologie liegt auf der Hand: got. giba und *munds (über welches unter Gunthamund S. 72); wand.: Gibamund, trotz Vict.; der wand. Lautstand ist im Vocalismus gerade ganz got. und hat als solcher eine unbedingte Vorliebe für die extremen Färbungen der einfachen Vocale; und Vict. Tunn. zeigte auch sonst schon, dass er für fremde Beeinflussungen nicht verschlossen ist.

GUNTHIMÎR.

Den andern Befehlshaber des linken Flügels bei Decimum giebt Vict. Tunn. als Gunthimer. Der Auslaut des ersten Gliedes fällt auf gegenüber Gunth*a*rîx und Gunth*a*mund: es existierte im Germ. ein Secundärstamm gunþja-, wie ihn das Hildebrandslied noch bewahrt im ahd. gûdea (für gundea, gundja), der also neben dem primären gunþa- auch im Got. und speciell Wand. vorhanden zu sein scheint, wenn das *i* hier nicht ebenso incorrect wie in Victors „Geil*i*mer". Danach rein wand. Gunthimîr (oder Gunthamîr); die helle Färbung des zweiten Gliedes fehlt bei Vict. Tunn. auch sonst.

GUTHTHEUS.

Die Namen zweier Gesandten König Geilamirs nennt uns Proc. als *Φουσκίας* und *Γοτθαῖος*.

Wahrscheinlich liegt bei dem ersteren einfach lat. fuscus „dunkel" zu Grunde, das als römischer Beiname erscheint; ebenso heisst der Gegner des alten Gotenkönigs Dorpaneus Fuscus (vgl. die Citate in Mommsens Jord. S. 148 s. v. „Dorpaneus"), und ein katholischer Bischof Fusculus steht bei Vict. Vit. II, 45.[1]

Wenn Proc. seinen *Γοτθαῖος* aus lat. Quelle hat, also nach lat. Gŏtthaeus giebt, dann ist in letzterem der zweite Teil Schreibung für -theus, d. i. got. þius (zum allein belegten þiwôs, þiwê) (s. Dietrich, S. 69; vgl. Alatheus bei Amm. Marc., Malatheus in der Neapeler Urkunde). Auch hier, wie in Theudarjû und Theudarîx der Diphthong *eu* (urgerm. *þewas, wie urnord. þevaʀ erhalten) für got. *iu*. Got. Guþ-þius (wie bei Ulf. guþ-blôstreis), wand. Guth-theus wäre dann der „Gottesdiener".

Der wand. Statthalter von Sardinien, Gôda, heisst bei Proc. ausdrücklich „*Γότθος τὸ γένος*", ist also kein Wandale von Geburt.

[1] Stark (Wien. Sitz.-Ber., Bd. 52, S. 283) nimmt Namen wie Fusca, Sindefuscus als romanische Nebenformen zu Fussa etc. für Funs; er setzt damit den im Ags., Alts., Altfries., An. vorhandenen Ausfall eines ursprünglichen *n* für das Got. ebenso willkürlich an, wie Wackernagel (kl. Schr. III, 352 u. ö.) den Einschub eines unursprünglichen *n* für das Germ. als üblich hinstellt, um so den burg. Namen Fusia mit Fons, Sigifunsus in Verbindung zu bringen. Beides wiesen wir schon S. 46. 58 zurück; vgl. noch d. nächste Cap.

RAGINARÎ.

Im „Archiv der Gesellschaft für ältere deutsche Geschichte" III, 160 und IV, 220 berichtet Münter über ein in Carthago gefundenes und deshalb wohl wand. Gewicht, das auf einer Seite den mit Silberbuchstaben eingelegten Namen RAGINARI trägt. Schon Massmann (Zs. I, 386, 4) hat den Namen richtig gedeutet als Raginahari (wie Uf[i]-tahari in der Ravennatischen Urkunde); die durch die Schwäche des *h* veranlasste Synkope zeigte sich schon in Theudarjû aus Theudaharjû (S. 61).[1] Der Name, der deutsche Rainer, hat im ersten Gliede das got. ragin (ragineis, raginôn); dasselbe hat in Compositis verstärkende, verallgemeinernde Bedeutung (wie þiuda-, aírmana-) und erscheint auch sonst in Namen (Raginaudus, Ragnahild, Ragnericus, Rainmir). Die Form Raginari ist in ihrem ersten Teil ein neuer Beweis für das Festhalten des Wand. an rein got. Lautstand und besonders dafür, dass an den Umlaut für das Wand. noch nicht zu denken ist.

Nähere Aufmerksamkeit verdient die Gestalt des zweiten Gliedes hari für got. harjis, schon weil solche Überlieferung ohne angehängte lat. Endung (-harjis wird gewöhnlich -arius) sehr selten ist (und an Raginari als lat. Gen. possess. zu -arius ist hier wohl schwerlich zu denken). Ragin-*ari* stimmt, wie erwähnt, mit dem Uf[i]ta-*hari* der Ravennatischen Urkunde überein; letzteres ist Nom. und so auch unsere Bildung. Bei der Form hari sofort ans Ahd. zu denken, verbietet sich von selbst. Ich fasse das auslautende *i* als Länge; das auslautende *s* ist ausgefallen und das frei gewordene *ji* (urspr. *ij* in urgerm. *harijas) zu *î* grade so geworden, wie in den ulfil. Imperativen nasei, sandei. Ich habe vorläufig keine weiteren Belege zu dieser Erscheinung: Ausfall des ostgerm. *s* (in westgerm. Art) nach Vocalen. Bei *wa*- oder *u*-Stämmen (wand. Baudus, Gabadus, Marivadus; Fridus) lässt sie sich nicht beweisen, weil hier zwischen got. und lat.

[1] Mit weiterer Zusammenziehung in den westgot. Concilienacten von 633 Ranarius.

-us nicht zu entscheiden; doch der stete unwillkürliche Vergleich mit der lat. Endung *-us* mag eben, zumal bei den dem Einfluss der lat. Sprache so schutzlos ausgesetzten Wand., den gleichen Ausfall des *s* hier aufgehalten haben (vgl. Suniefridus der Neapeler Urkunde), und ebenso spricht es für Erhaltung des *s* nach den dunklen Vocalen, wenn die Lesart Fridus als Gen. in der Anthol. lat. einige Berechtigung aufweisen kann. (?)

GARDINGE.

Ein kleiner Sprachrest ist in dem Titel Gardingi bei Vict. Tunn. 364 erhalten, = got. gardiggôs. Den zweiten Bestandteil fanden wir bereits in den Hasdingen und Silingen (S. 42). Der erstere ist das got. gardi- „Haus". Es ist der Titel der Hofbeamten, der Domestici; über diese Würde und ihr sonstiges Vorkommen vgl. Dahn, „Könige" I, 186 f. Auch hier ist uns noch einmal rein got. Lautstand für das Wand. erhalten, und die Identificierung dieser Gardinge mit den Hasdingen bei Zeuss (S. 461) zerfällt von selbst.

Mit dem Sturze Geilamirs i. J. 534 ist das Wandalenreich in Afrika zu Ende. Es ist auffällig, wie durch den einen wuchtigen Schlag das ganze Volk für immer vernichtet ist, und man sieht daraus wiederum, wie seine Geschichte völlig in der des Hasdingenhauses aufgeht, aus welchem auch die einzigen Helden im letzten Entscheidungskampf hervorgegangen. Das ganze Wandalenvolk wurde aus dem sofort zur römischen Provinz gemachten Afrika fortgeführt. Die letzten zerbröckelten Reste, welche während der letzten Jahre sich in den wiederkehrenden unbedeutenden Aufständen zusammengefunden, belaufen sich nach Proc. auf etwa 1000. Sie spielen in den Unruhen dieser Jahre keine hervorragende Rolle und vermischen sich mit Mauren, meuterischen Soldaten, germanischen Söldnern, bis sie äusserst schnell überhaupt spurlos verschwinden. Es liegt daher auf der Hand, dass aus der Geschichte der Zeit nach 534 von wirklich gesicherten Wandalennamen nicht mehr die Rede sein kann. Meist werden die mit den römischen Truppen eingerückten Germanensöldner zu dem Irrtum verleiten, in ihren Namen wand. Sprachreste zu sehen. Und wenn z. B. in dem byzantinischen Heere etwa 1000 Mann Arianer waren, deren Gottesdienst durch kaiserlichen Befehl verboten war, und die deshalb von wand. Priestern aufgewiegelt wurden (Papencordt, S. 316), so verführt nur ihr Glaube zur Erkennung angeblichen Wandalentums.

Daher seien nur die folgenden Namen noch mit aller Vorsicht betrachtet. (Förstemann, „Sprachstamm" II, 190, ist hierin kritiklos.)

STUTJA.

Sehr zweifelhaft erscheint die wand. Nationalität jenes römischen Unterbefehlshabers, welcher sich an dem Aufruhr von 536 gegen den Oberbefehlshaber Salomo und von 545 gegen Johannes beteiligte. Wenn man erwägt, wie radical die Römer mit den Wand., vor allem durch Deportation, aufzuräumen suchten (wie ebenso später mit den Ostgoten), dann muss die Ernennung eines Wand. zum römischen Befehlshaber in Afrika ganz unwahrscheinlich sein.

Ich fand den Namen bei Marcell. Comes als Stotzas, bei Coripp. als Stutias, bei Jord. als Stotzas, bei Proc. als *Στότζας,* bei Vict. Tunn. als Stuzas und Stuza.

Die Etymologie bei Dietrich (S. 65) nimmt vor dem *tz* den Ausfall eines älteren *n* an, den wir schon wiederholt als ungotisch abwiesen. Über das *z* in den Quellen s. o. S. 84, sowie über die graecisierte Endung *-as* S. 83. Als got., vielleicht wand. ist nach Coripp. Stutja anzusetzen, „der Stützende" (*stutjan zu ahd. stuzzen, mhd. stützen), mit dem im Got. zur Bildung von Nomina agentis so häufigen Suffix *ja*.

GUNTHARÎTH.

Grade so unsicher erscheint das Wandalentum des Rebellen Guntharîth vom Jahre 545, der kaiserlicher Befehlshaber in Numidien war. Wenn er als Wand. zu einer solchen Stellung gekommen sein soll, so widerspricht das allen Nachrichten über die damalige römische Politik in dem eroberten Afrika.

Er erscheint bei Coripp. als Guntarith, bei Jord. als Guntharic, bei Proc. als *Γόνθαρις*, bei Vict. Tunn. als Guntharith, bei Paul. Diac. als Guintarit (mit verschiedenen Varianten). Bei Muratori script. III, tom. I, p. 130 (Vita Vigilii) tritt in der Rolle Geilamirs ein König Gundar auf, in welchem der Name jenes Rebellen Guntharîth vorliegt.

Das Nähere über seinen Namen ist schon oben S. 53 ff. gesagt.

HARJARÎTH.

In gleicher Weise bezweifle ich das wand. Herkommen von jenem „Armiger" des kaiserlichen Befehlshabers Johannes, den Coripp. Joh. IV, 929 u. ö. als Ariarith überliefert. Die durchaus wand. Namensform = got. harjareiks mit Ausfall des schwachen anlautenden *h* und der Vertauschung von *-rîx* und *-rîth* (s. S. 55) kann ebenso leicht der blossen Gewohnheit des Autors entstammen, als das Wandalische bezeugen.

FRÔNÎMÛTH.

Endlich der „dux Romanorum" bei Coripp. Joh. IV, 525 u. ö.: Fronimuth. Für den zweiten Teil ist auf Gamûth (S. 67) zu verweisen.

Den ersten Teil halte ich für eine Zusammenziehung aus wand. frôjanî für got. fraujanê (mit dem *ô* wie in frôja, worüber im nächsten Capitel, und dem regulären *î* für got. *ê*); die Zusammenziehung wäre eine ähnliche wie in Theudarjû für Theuda-harjû, in Raginarî für Ragina-harî. Dass das *j* hier eine dem *h* ähnliche Schwäche zeigt, liegt in seiner secundären Entstehung; denn frauja ist eine *j*-Bildung zu einem älteren st. Masc. *fraus (frawa-) (ags. freá, alts. frao, ahd. frô), wie sie das ahd. Fem. frouwa für frouja (got. *fraujô) ebenso aufweist. Nach dieser Erklärung haben wir im ersten Teile des vorliegenden Namens die got. Entsprechung zu ahd. frôno, das als unflectierbares Adj. gebraucht wird und eigentlich der erstarrte Gen. Pl. zu frô ist. Jedoch dürfte seine Verwendung zur Composition von Eigennamen auffällig sein, und es liegt hier vielleicht ein seinem Führer später beigelegter charakteristischer Beiname vor.

DIALEKTISCHE MERKMALE DES WANDALISCHEN.

Wir fassen im folgenden die gewonnenen Resultate zusammen und zählen im Zusammenhange die dialektischen Merkmale des Wandalischen auf, indem wir zuerst die Lautlehre behandeln und ihr dann das Wenige folgen lassen über Flexion und Wortbildung.

VOCALISMUS.

a.

Das kurze *a* findet sich im Wand., wie im Got., im Anlaut, Inlaut, Auslaut (Andwit, Ansila; Wandal-, Gabadus; Hildica, Dagila u. s. w.); ebenso als Auslaut des reinen Stammes im ersten Compositionsglied (Witarîth, Gunthamund, Gôdagis u. s. w.).

Für langes oder nasaliertes *a* fehlen die Belege (über Wisimar S. 48 f.).

ê.

Beim langen *ê* ist zu scheiden zwischen dem alten got. *ê* und einem secundären wand. Das got. lange *ê* hat seine schon bei Ulf. beginnende extreme Färbung zu *î* bei den Wand. fortgesetzt; für die meistbetonten Wurzelsilben scheint der Gebrauch noch schwankend, obwohl die Belege ganz unsicher sind (Sîlinge? Stîlica? — Swêsaon? Êtemund?). Hingegen in weniger betonten Silben, besonders in den zweiten Compositionselementen ist das alte got. *ê* durchweg extrem zu *î* getrieben, worüber unter „i".

Ein zweites speciell wand. *ê* ist uns in der 2. Sing. Conj. Praes. „armês“ für ulfil. „armais“ erhalten (S. 71). Hier in der Flexionssilbe ist also eine Monophthongierung eingetreten, wie sie im Ahd. Regel geworden, wie wir sie aber für die wand. Wurzelsilben entschieden zu bestreiten haben werden. Eine derartige Monophthongierung ist eine Folge der Tonschwäche solcher Endsilben (vgl. Scherer, „z. G. d. d. S.“ [2], S. 48, Anm.) und weicht in ihrer Erklärung demgemäss ab von den ahd. Monophthongierungen in Wurzelsilben, welche vielmehr auf dem Einfluss der folgenden Consonanten beruhen (s. Scherer a. a. O.). Es ist zu bedauern, dass für das Wand. weitere Belege fehlen.

i. î.

Das kurze *i* vertritt im Wand., wie bei Ulf., sowohl urgerm. *i* (Fridus) als urgerm. *e* (Stilica? Gibamund). Im Ablaut zu *ei* (got. *ai*) zeigte es sich in Gôdag*i*sl und Gôdag*is* gegenüber G*ei*sarîx (und Hôhag*eis*?).

Von der got. Brechung des *i* (und *u*) vor *h* und *r* zu *aí* (und *aú*) sind im Wand. keine Belege erhalten.

Das lange *î*, in unseren Quellen von der Kürze graphisch nicht geschieden, entspricht dem ulfil. *ei* in Wîsimar (? S. 48) und in den Zusammensetzungen mit -rîx (got. -reiks): Guntharîx, Geisarîx, Hûnarîx, Theudarîx, Hildirîx.

Secundär ist es in zwei Fällen: einmal als extreme Färbung des got. *ê*, regelmässig in nicht meistbetonten Silben (s. o. unter „ê“), vor allem in -rîth und -mîr für got. -rêþs und -mêrs: Witarîth, Geilarîth, Blûmarîth, Hôhamîr, Geilamîr, Gunthimîr, vielleicht auch in dem Frônî-mûth für got. fraujanê- (S. 89). Dass wir es hier nicht nur mit der Eigenart lateinischer Schreiber zu thun haben, indem das lat. *ē* sich klanglich zumeist dem lat. *i* nähert (Seelmann, S. 182), das wird durch den häufigen mechanischen Wechsel von wand. -rîth und -rîx in der Composition (S. 55) bewiesen. Wo in der Überlieferung sich ursprüngliches *ê* erhalten, da liegt etymologische oder unwandalische Schreibweise vor. — Grade derartige Lauterscheinungen, wie diese extreme Färbung des *ê*, scheinen mir streng dialektischer Sonderung zu bedürfen;

das Ausserachtlassen einer solchen hat sowohl Dietrich (S. 63 f.) als Bremer (S. 7 ff.) nur zu ganz ungefähr gehaltenen Resultaten kommen lassen.

Und zweitens vermutlich wand. *î* für got. *ji*, das in den Auslaut getreten: Raginarî für -arjis, wo nach Abfall von *s ji* zu *î* wurde (S. 86).

ô.

Das got. lange *ô* darf für haupttonige Silben erster Compositionsglieder im allgemeinen wie bei Ulf. festgehalten werden, wir fanden es in wand. Gôdagisl, Gôdagis, Hôhageis, Hôhamîr; doch auch hier beginnt extreme Färbung zu *û* (Blûmarîth), die in weniger betonten Silben zur Regel wird, worüber unter „u".

Ein anderes wand. *ô* ist aus got. *au* vor *j* entstanden: in frôja (S. 71, Frônîmûth S. 89). Es ist dieselbe Erscheinung, welche Dietrich S. 11 bespricht und S. 67 weiter belegt, doch schwerlich richtig erklärt. Ich halte sie für eine Wirkung falscher Analogie. Wo schon bei Ulf. *au* vor Vocalen und *ô* vor *j* mit einander wechseln, da liegt dem *au* und *ô* ein altes *ôw* zu Grunde (Paul, Beitr. VII, 153; J. Schmidt, KZ. XXV, 18): got. taui — tôjis, staua — stauida — stôjan weisen demnach auf alte tôwja-, stôwja-, welche bei folgendem Vocal das *ôw* zu *au* wandelten, bei folgendem *j* das Zusammentreffen der beiden Halbvocale durch Ausstossung des *w* hinderten (ebenso die Part. Praet. afmauidai und afdauidai zu *afmôjan und *afdôjan). Von diesen auf germ. *ôw* weisenden Beispielen der ulfil. Grammatik sind völlig auseinander zu halten die auf germ. *aw* beruhenden, welche ganz gesetzmässig bei Ulf. dies *aw* vor *j* zu *au* wandeln: frauja — eine *j*-Bildung zu *frawa- (ahd. frô, ags. freá, alts. frao), ebenso gaujis — zu gawi (wozu mawi maujôs, aus *magwî, in Analogie getreten), straujan — strawida (vgl. ahd. strô zu got. *strawa- wie frô zu *frawa-), taujan — tawida [1]. Und auf die *-auj-* dieser zweiten Gruppe,

[1] Damit wäre eine Erklärung gefunden für taui — tôjis, taujan — tawida bei Ulf.; beide Gruppen dürfen nicht ohne Weiteres zu-

welche die Orthographie des Ulf. noch correct von den *-ôj-* jener ersten Gruppe schied, haben die letzteren bei den Wand. in falscher Analogie gewirkt: das Wand. verwandelte nach dem Muster von tôjis u. ä. das got. frauja in frôja (wie ebenso in andern Dialekten das von gawi abgeleitete gauja nach Dietrich S. 67 zu gôja wird[1]). Dagegen darf dieses *ô* nicht etwa für eine dem späteren Ahd. entsprechende Monophthongierung angesehen werden; das *ô* in ahd. frô trat ein, weil das urspr. *au* (got. *fraus) ahd. in den Auslaut trat; dagegen im Inlaut bewahrte auch das Ahd. den Diphthong, wie das Fem. frouwa, entsprechend got. *fraujô beweist.

u. û.

Das kurze *u* zeigte sich in wand. Wurzelsilben (Guntharîx, Gunthamund, Guththeus, Stutja) und vermutlich im Nom. Sing. der *wa-* und *u-* Declination wie bei Ulf. (Gabadus, Marivadus, Baudus; Hraftus, Fridus). Hat die Lesart Fridus in der Anthol. lat. für den lat. Gen. Fridi Berechtigung, dann ist sie ein neuer Beleg für den Wechsel von *au* und *u* in den Endungen der *u*-Declination, wie er schon bei Ulf. nicht selten ist (die Fälle sind zusammengestellt bei Leo Meyer, „die got. Spr.“ 574).

Langes *û*, das schon got., scheint wand. nur in Hûnarîx

---

sammengeworfen werden; es liegen vielmehr zwei verschiedene germ. Wurzeln vor: tôw und taw, welche durch den Ablaut (got. fôr zu *faran*) ihre Urverwandtschaft beweisen. — Wie taujan tawida gegenüber tôjis die schwächere Ablautstufe aufweist, so lässt diese sich ebenso zu got. stôjan erschliessen: letzteres ist ahd. stuowan (Einhalt thun), aber ahd. stouwan (schelten) geht zurück auf got. *staujan *stawida.

[1] Hieran knüpfe sich folgende leise Vermutung. Wir erklären oben S. 77. 80 die Namensformen Oamîr und Oageis als Hôhamîr, -geis von got. hôha „Pflug“. Wenn man zwischen dem überlieferten *o* und *a* hier an den Ausfall eines secundären *j* denken könnte, wie S. 89 in Frônîmûth, so ergäbe das Ôja-mîr, -geis. Dieses ôja könnte sein *ô* aus *au* erhalten haben, wie oben frôja, gôja, und damit wäre uns als got. *aujô die Entsprechung zu ahd. ouwa (wie *fraujô zu frouwa) erhalten; und Ôjamîr (got. *aujô für *awjô-, vgl. Scadin-avia) wäre der „Wasserheld“ (vgl. wand. Mari-vadus, Wisimar?)?

erhalten. Dazu kommt für das Wand. das *û* als Resultat der extremen Entwickelung von got. *ô* (s. unter „ô"), wie in vereinzelten Beispielen auch bei Ulf., entsprechend *î* als Fortsetzung von got. *ê*; zunächst im zweiten Compositionsgliede (Gamûth, Frônîmûth); doch im vereinzelten Blûmarîth ist diese Färbung schon in das erste Compositionselement gedrungen; ob sie auch für Flexionssilben anzunehmen, war nicht zu entscheiden (Theudarjû? S. 61).

y.

In dem Namen Cyrila (S. 69) finden wir das gr. *υ* wieder, für welches hier die spätere römische Gemeinsprache massgebend sein muss; dieselbe gab das *y* mit *i* wieder (im Gegensatz zum Altlatein, Seelmann S. 219), und dem entspricht auch seine Entwickelung im Germ. (vgl. die Varianten bei Vict. Vit. und ahd. chirîhha).

ei (got. ai).

Der got. Diphthong *ai* hat sich im Wand. durch Annäherung des ersten Elementes an das zweite zu *ei* gewandelt. So fanden wir ihn bei den massgebenden Quellen in Geisarîx, Hôhageis, Geilamîr (in letzterem auf authentischen Münzen) und erschlossen ihn ebenso für Geilarîth. Damit steht seine rein diphthongische Gestalt fest, und von einer Monophthongierung zu *ê* ist in Wurzelsilben bei den Wand. in keinem einzigen Fall die Rede. Nur in den Flexionssilben ist dieselbe durch die Form armês bezeugt, wie ebenso die ahd. Monophthongierungen in Flexionssilben eher als in Wurzelsilben zu beobachten sind (vgl. unter „ê"). — Wieder kann für die auch sonst in Namen erscheinende Färbung *ei* statt got. *ai* eine exacte Chronologie nur erreicht werden, wenn man jeden wandil. Dialekt für sich untersucht; Dietrich thut das nicht, und so steht seine Angabe, dass *ei* seit dem 7. Jahrhundert herrsche, mit unserm Resultat für die Wand. des 5. Jahrhunderts schon in Widerspruch.[1]

---

[1] Das Auftreten des *ei* für älteres *ai* giebt Veranlassung eine Vermutung Scherers (z. G. d. d. S.², S. 48, Anm.) zu modificieren;

In diesem Punkte kann der wand. Lautstand schlagenden Beweis für die reinen Diphthonge des Got. bringen und die kürzlich von Bremer (Beitr. XI, 51 ff.) vergeblich angegriffenen Resultate Dietrichs nur voll bestätigen. Die Frage nach der Aussprache des got. *ai* und *au* war von jeher eine umstrittene, deren Beantwortung durch die doppelte Verwendung von *ai* und *au* bei Ulf. (*ái* und *áu*, *aí* und *aú*) erschwert wurde. Ein Unterschied musste vorhanden sein; und für *aí*, *aú* hatte die vergleichende germ. Grammatik den Lautwert der Kürzen *e* und *o*, für *ái*, *áu* in erster Linie Dietrichs Buch den Lautwert reiner Diphthonge gesichert. Dunkel blieben nur die got. *ai*, *au* vor Vocalen (saian, bauan u. s. w.), und eine neue Untersuchung über dieselben veranlasste Bremer (a. a. O.) der bisherigen auf Dietrich fussenden Auffassung entgegenzutreten, — wie ich im folgenden zu erweisen hoffe, ohne Erfolg. Abgesehen von diesem lautlichen Punkte ist die Abhandlung Bremers über „got. saian, waian" eine ausgezeichnete, auf etymologischem wie auf vergleichendem Gebiete. —

Bremer behauptet, Ulf. habe sein *ai* aus dem Griech. entlehnt, dessen *αι* damals schon den Wert des offenen *ē* gehabt habe; das Zeichen für den offenen *ō*-Laut, das dem griech. Alphabet fehlte, habe Ulf. entweder analog dem *ai* als *au* erfinden (!) müssen oder aus dem Lat. entnommen, dessen *au* früh in der Aussprache des Vulgärlateins *ō* gesprochen worden. Die erstere Annahme von der analogen

---

Scherer sagt: „Sonderbar, dass *ao* Mittelstufe zwischen *au* und *ô*, als ob in *ao* der zweite Vocal überwogen hätte; ebenso könnte man *ai* — *ae* — *ê* ansetzen und diese *ae* und *ao* als Vorstufen für alts. *ê*, *ô* vermuten, wie für ags., altfries. *â*; so dass hier *áe*, *áo*, dort *aé*, *aó* zu Grunde läge." Nicht *ae*, sondern unser *ei* ist als Mittelstufe zwischen *ai* und *ê* anzusetzen; es entstand durch vocalische Assimilation oder Umlaut; in dem neuen *ei* bekam dann das *e* entschiedenes Übergewicht, bis das *i* allmählich seine Function ganz aufgab (ähnlich dem griech. *ι* subscriptum). So im Ahd. und Alts. Das Ags. und Altfries. hingegen hatte die Färbung des alten *ai* zu *ei* nicht, und das Resultat der Monophthongierung war deshalb hier nicht *ê*, sondern *â*. Vgl. schon Grimm, Gramm. I[3], 93. 240.

Erfindung teilt dem Ulf. jedenfalls zu viel philologisches Gefühl zu, und die letztere scheint bedenklich, indem von zwei so homogenen Lauten, wie *ai* und *au*, der eine dem gr., der andere dem lat. Alphabet entstammen soll. Ich möchte eher beide Diphthonge aus dem Lat. herrühren lassen, auch das *ai*: denn wenn in der lat. Orthographie das alte *ai* für das gewöhnliche diphthongische *ae* hin und wieder noch in später römischer Kaiserzeit geschrieben wird (Seelmann, S. 224, giebt noch inschriftliche Belege aus den Jahren 352 und 393 n. Chr.), dann lag es für Ulf. nahe, von hier, wo er sein *au* fand, auch das noch vorhandene und für ihn graphisch genauere *ai* zu entnehmen. Jene noch mitunter spätlat. Schreibung *ai* für *ae* war zwar keine phonetische (Seelmann a. a. O.), doch nichts hindert die Annahme, dass Ulf. sie für seine Sprache als eine phonetische Schreibung ansah, — denn sonst hätte er das gewöhnliche lat. *ae* gewählt. — Sodann aber ist Bremers Behauptung von der vulgärlat. Aussprache des *au* als *ō* unrichtig (Seelmann, S. 222): im Gegenteil ist nach allen Zeugnissen das *au* des Vocalismus der römischen Kaiserzeit ein echt phonetischer Diphthong gewesen, das spätere romanische *o* aus lat. *au* ist erst eine specifische Entwickelung der romanischen Einzelsprachen, und kommen im Vulgärlatein wirklich abweichende Schreibungen vor, dann sind das *a* und *ae*, nicht *o* (Seelmann, S. 223).

Also aus dem Lat. nahm Ulf. die Schreibung des rein diphthongischen *au* und im Anschluss hieran auch die noch nicht erstorbene Schreibung *ai*. Aber auch für letzteres lässt sich aus der lat. und gr. Orthographie der definitive Beweis seiner phonetisch rein diphthongischen Aussprache gegen Bremer führen. Wenn Ulf. nach Bremers These sein wie offenes *ē* klingendes *ai* nach dem ebenso klingenden gr. *αι* schrieb, weshalb weichen dann die gr. Historiker gerade in der Wiedergabe dieses got. *ai* so auffällig ab, anstatt einfach das wie *ē* klingende *ai* des Got. durch ihr ebenso klingendes *αι* wiederzugeben? Warum schreibt Proc. *Γιζέριχος, Γελίμερ* statt *Γαιζέριχος, Γαιλίμερ*? Und das ist Bremers schwacher Punkt: während er im ersten Teile seiner Abhandlung sich ganz auf die Namen zu stützen suchte, sieht er in diesem Abschnitt über got. *ai*, *au* auffälliger Weise ganz von ihnen ab, — aber grade sie widerlegen seine Hypothese.

S. 53 sucht Bremer dies „wichtigste Argument" Dietrichs, die Eigennamen bei den Lateinern, anzuzweifeln: „Für die älteste Zeit mag ja die lat. Transscription *ai* und *au* phonetisch ganz richtig sein, indem die Goten damals wirklich noch $a + i$ und $a + u$ gesprochen haben mögen; ausserdem kommt in Betracht, dass lat. *ai* vielfach erst durch gr. *αι* hindurchgegangen ist (?). Bei den got. Namen nach Ulf. kann die got. Orthographie für die Schreibung *ai* und *au* massgebend gewesen sein; die lat. Schriftsteller mögen der got. Schreibung gefolgt sein." Beide Annahmen sind unter den folgenden Gesichtspunkten unhaltbar: Bremer sagte selbst S. 4: „Die Römer schrieben in allen diesen Eigennamen *e* [woraus auf den Lautwert des damit wiedergegebenen germ. *e*-Lautes kein Rückschluss möglich war], weil ihr *ae* einen diphthongischen Lautwert hatte und schon für germ. *ai* vergeben war" (seine Belege dazu zählten wir S. 6 auf); weshalb behielten sie nun in der ältesten Gotenzeit dies *ae* nicht bei zur Wiedergabe des von den „Goten damals wirklich noch $a + i$ gesprochenen" Diphthonges? Und endlich wenn „bei den got. Namen nach Ulf. die got. Orthographie für die Schreibung *ai* massgebend gewesen sein kann", — was bedeutet dann das in den nächsten Jahrhunderten eindringende und bei den Wand. allgemeine *ei*? Ging man damit erst einmal von der traditionellen Orthographie des Ulf. ab, welche übrigens in andern Punkten längst verlassen worden war, weshalb gab man dann das nach Bremer wie langes offenes $\bar{e}$ klingende *ai* nicht durch $\bar{e}$ oder besser *ae* wieder? — Ich bin davon überzeugt: dieses eindringende *ei* für got. *ai* ist völlig ausschlaggebend, zumal es im damaligen lat. Vocalismus sonst nicht vorhanden ist, und sichert dem letzteren ein für alle Mal den phonetischen Wert eines echten Diphthonges.

Eine Folge der gegebenen Beweisführung scheint allerdings unbequem: die von Bremer angestrebte Ausgleichung des auffallenden *ai* in saian mit dem sonstigen got. *ai* wird damit hinfällig, und wenn man seine sonst so sicheren und klaren Ausführungen über dieses saian, waian nicht aufgeben will, dann müsste man annehmen, dass Ulf. mit dem einen orthographischen Zeichen *ai* drei verschiedene Laute wiedergegeben: *ái, aí, ē.* Bremers Zurückführung des got. saian auf germ. *sêan dürfte sicher sein; der streitige Punkt wäre sein bezügliches got. Lautgesetz, „dass die Tonerhöhung des germ. [offenen] *ē* zum got. *ê* in dem Falle nicht eintrat, wenn unmittelbar darauf ein offener Vocal folgte". Eine andre Auffassung, dass got. *ê* zu *e* (d. i. *aí*) verkürzt wäre, wenn unmittelbar darauf ein offener Vocal folgte (got. saían — aber -sêþs), dürfte dieselbe Berechtigung haben und den Vorzug bieten, für das Schriftzeichen *ai* nicht noch einen dritten Lautwert anzunehmen. Damit wäre man wieder zu Holtzmanns („altdeutsche Grammatik" S. 11) Erklärung von got. saian u. s. w. als saían und zu der Auffassung von got. *aí* und *aú* als entsprechenden Kürzen zu *ê* und *ô* zurückgekehrt; got. *aí* und *aú* entsprächen gr. *ε* und *ο*, wie got. *ê* und *ô* gr. *η* und *ω* (vgl. die Belege bei Braune, „got. Gramm.", § 23. 24, 5. 6, 1. 11, 1); entspricht got. Trauada gr. *Τρωάς*, Nauêl gr. *Νωέ*, Lauidja gr. *Λωίς* (Braune, § 26, 1), dann ist das eben Wirkung des statuierten speciell got. Lautgesetzes, das gr. *Τρωάς* sprach der Gote als *Τροα-* und schrieb Traúa-.

ao? (got. au).

Entscheidungen über die Entwickelung des got. *au* (über dessen rein diphthongischen Lautwert, auch in der lat. Orthographie, s. S. 97) sind durch den Mangel der Belege erschwert. Über seine durch die Analogie des got. tôjis hervorgerufene Monophthongierung in frôja (Frônîmûth) s. S. 93. Im übrigen wäre möglicherweise für das Wand. eine Färbung des alten *au* zu *ao* aufzustellen, ähnlich der des alten *ai* zu *ei;* freilich die Belege sind ganz zweifelhafter Art: einmal der Name *Ῥᾶος* bei Dio Cass. (got. Hraus, S. 47), für den man *Ῥαῦς* erwarten sollte, und dann der dunkle Swêsaon bi Vict. Vit. (? got. Swês-auns ? S. 66); ein sicheres Ergebnis ist hier also nicht möglich. Diese Färbung zu *ao* hätte dann nicht stattgefunden in dem Baudus der Anthol. lat. (S. 76), was leicht erklärlich wäre; denn hier ist der Diphthong ein secundärer, die Epenthese hat oben erst gewirkt und z. B. dieselbe Wurzel bei geringerer Betonung noch nicht berührt, wie Ga-badus und Mari-vadus beweisen, und das ganz junge, so zu sagen vor unsern Augen entstehende *au* in Baudus ist der Färbung zu *ao* ebenso wenig ausgesetzt, wie das junge *ê* in armês der extremen Färbung zu *î* (S. 92). Eins jedoch wäre bei der sonstigen Annahme eines wand. *ao* interessant: wie *ei* (zugleich die Mittelstufe zwischen altem *ai* und ahd. *ê*) als speciell wand. Gestalt des got. *ai* auftrat, so würde sich hier *ao* (zugleich die, wenn auch vereinzeltere, Mittelstufe zwischen altem *au* und ahd. *ô*) als speciell wand. Gestalt des got. *au* zeigen, — gewiss eine bestechende Parallele.

eu (got. iu).

Nicht viel sicherer steht es mit der wand. Gestalt des got. Diphthonges *iu*. Die Geschichte desselben liegt überhaupt noch im Dunklen (s. S. 61) und verlangt zuerst streng kritische Materialsonderung, namentlich für die überlieferten Eigennamen aus wandil. Dialekten. Da die Lautverbindung *iu* dem lat. Ohr und der lat. Schreibweise fremd, dagegen *eu* ihnen geläufig war (ausser in gr. Lehnworten und vereinzelten Eigennamen auch in seu, neu, ceu, neuter, neutiquam, neutique, heu, eheu, vgl. Seelmann, S. 228), so liegt die Befürchtung nahe, dass ein germ. *eu* oder *iu* unterschiedslos durch *eu* bei den lat. Autoren wiedergegeben sei (so Th. Jacobi, „Beiträge zur deutschen Grammatik"). Jedoch ganz so schlimm dürften die Verhältnisse hier nicht liegen; es findet sich z. B. in den westgot. Namen (nach Dietrich, S. 68) vielfach correct das got. *iu* geschrieben; und wenn die Lateiner das wand. *ei*, obwohl es in ihrem Vocalsystem nicht vorhanden vor, ganz nach dem Gehör wiedergeben, warum nicht auch das got. *iu*? Und wenn nun schon sehr zeitig neben *eu* auch *eo* geschrieben wird, dann wird das gar zu gern durch Wirkung des *a*-Umlautes erklärt; das scheint für die älteste Zeit abzuweisen. Die in solchen Fällen beigebrachten Belege beschränken sich dann immer auf Composita mit got. Þiuda : Theod-; hier aber setze ich viel eher Eigenart der Schreiber oder eine Einwirkung des gr. *ϑεο-* bei den gelehrten Autoren an als ohne Weiteres frühen, bei einfachem *u* noch nicht vorhandenen *a*-Umlaut.[1]

Für das Wand. kann allein verwiesen werden auf die Ausführungen unter Theudarjû (S. 61), Theudarîx (S. 65), Guththeus (S. 85); haben die daselbst gemachten Andeutungen allgemeinere Berechtigung, dann ist an Stelle des got. *iu* ein wand. *eu* anzusetzen, und die sonst im Got. und auch speciell im Wand. befolgte extreme Vocalfärbung fehlte im letzteren für das *eu* ebenso, wie vielleicht für das *ao*.

An dem rein diphthongischen Klang dieses *eu* ist gemäss der Aussprache des lat. *eu* kein Zweifel möglich (vgl. Seelmann, S. 228).

CONSONANTISMUS.

Halbvocale.

w.

Das got. *w* finden wir wand. im Anlaut erster und zweiter Compositionsglieder (Wîsimar, Witarîth; And-wit). Was seine Orthographie anlangt, so war hier besonders die Wiedergabe des Wandalennamens durch die einzelnen Jahrhunderte hindurch lehrreich. Dieselbe gilt, wie für das Wand., auch für alle andern wandil. Dialekte: überhaupt werden auf dem Gebiete des Consonantismus die Unterschiede der einzelnen Mundarten geringere sein, die Hauptmerkmale liegen innerhalb der Vocale, in ihren verschiedenen Färbungen. — Bis gegen 400 herrscht lat. *v* in den got. Eigennamen. Je mehr aber dann die Barbaren das römische Weltreich überschwemmen und durchdringen, zumal in die Verwaltungen und

[1] Z. B. Dietrich (S. 68) sagt: „Got. *iu* erscheint bekanntlich bei den Römern von Amm. Marc. an herrschend durch *eo* gegeben, wie in *Theo*laiphus, *Theo*domir, *Theo*dericus, am Ende des Wortes durch *eu*, wie in Alatheus“!

Kanzleien gelangen, da zeigt sich auch in solchem winzigen Punkte der Orthographie die Steigerung ihres Selbstgefühles, da regt sich auch hier der Trieb zwischen alten und neuen Elementen zu unterscheiden: das lat. und das got. *v* werden nicht allein in der Aussprache, sondern auch in der Schrift getrennt und deshalb das got. durch *vu* oder *uu* oder *uv*, kurz *w* bezeichnet. Während des 5. Jahrh. findet man *v* und *w* neben einander, jedoch mit dem 6. Jahrh. ist letzteres das allgemeine und beweist damit für sich „die lautliche Geltung des consonantischen *u* (= engl. *w*)" (Braune, § 40).[1] Die Autoren, welche das *v* jetzt noch in got. Namen bewahren und das genauere barbarische *w* vermeiden, thun dies in bestimmter Absicht, so vielfach auch Cass. und Jord., deren Tendenz bekanntlich auf möglichsten Ausgleich zwischen got. und röm. Verhältnissen ging.

Das inlautende *w* ist für das Wand. vielleicht in Swêsaon anzusetzen; wenn wir den letzteren (S. 66) aus dem Sesaon bei Vict. Vit. herzustellen versuchten, so darf aus dem einen Fall doch noch kein wand. Charakteristikon erschlossen und ebenso leicht Nachlässigkeit des Schreibers angenommen werden.

Vgl. hierzu über das *w* in den Namen besonders Dietrich, S. 77.

In Mari*v*adus, worauf wir auf S. 103 zurückkommen, liegt nicht derselbe Halbvocal, sondern eine Bezeichnung der labiolabialen Spirans *β* vor.

j.

Got. *j* lässt sich in den Eigennamen bei den Historikern nur erschliessen, nicht graphisch nachweisen, da die Lateiner bekanntlich *i* und *j*, wie *u* und *v*, mit demselben Buchstaben ausdrückten. Trotzdem kann auch für die lat. Aussprache jener Unterschied nicht zweifelhaft sein (Seelmann, S. 231),

[1] Diese allgemeine Schreibung bei den mittelalterlichen Historikern bringt eine gewichtige Unterstützung für den Vorschlag Braunes (§ 39, 1), in den got. Texten und Grammatiken die Transscription *w* anzuwenden. — Entsprechend den lat. Wandali ist auch die Graecisierung *Οὐάνδαλοι* die genauere (S. 40); das gr. *Βανδίλοι* ist unphonetisch und Übertragung aus lat. Vandili (gr. *β* = tönender labialer Spirans).

ebenso wenig wie für die wandil. Dialekte. Wir fanden das *j* für die Wand. in Theudarjû, (Stutja, Harjarîth). Über den Ausfall von *-ja-* in dem vielleicht wand. Frônîmûth s. S. 89 (auch 94, Anm. [1]), über die Contraction von auslautendem *-ji* zu *î* in Raginarî S. 86. 93.

Labiale.

p.

Das wahrscheinlich labiolabiale p fanden wir anlautend im Namen Pinta (S. 75), und wie sich das got. *p* im Anlaut nur in Lehnwörtern, wenn auch schon urgerm., findet, so war auch für den vorliegenden Namen eine germ. Etymologie nicht zu erschliessen. Ausserdem fanden wir das *p* noch in Ῥάπτος für vermutlich wand. Hraftus (worüber S. 47 und unten unter „f" zu vgl.).

b.

Das got. *b* bezeichnet bekanntlich zwei verschiedene Laute: im Anlaut und Inlaut nach Consonanten den tönenden labiolabialen Verschlusslaut *b* (aus urgerm. labiolabialem *β*), im Inlaut nach Vocalen die tönende labiolabiale schon urgerm. Spirans *β*. Derselbe Unterschied ist für das Wand., hier sogar graphisch, bezeugt. Im Anlaut fanden wir *b* in Baudus, Blûmarîth. Im Inlaut nach Vocalen hatten wir den Laut in Ga*b*adus und Mari*v*adus: die erstere Schreibung ist etymologisch, die letztere phonetisch (*v* = phonetisch *β*); vgl. S. 70.

f.

Die tonlose, wahrscheinlich labiolabiale Spirans *f* ist im Wand. nur anlautend überliefert (Fridubalth, Fridamal, Fridus). Für den Inlaut war sie in der Verbindung *ft* vermutlich aus der gr. Schreibung Ῥάπτος zu erschliessen für got.-wand. Hraftus, wo sie nach got. Lautgesetz aus germ. *p* vor *t* entstanden; der auch sonst nicht seltene Übergang in *π* vor *τ* bei den Griechen beweist ihre Tonlosigkeit; vgl. S. 47 und Dietrich S. 75.

DENTALE.

t.

Das alveolare *t* war einmal im Anlaut erhalten (Tata), öfter im Inlaut (Stilica, Witarîth, Amata), einmal nach wand. Abfall des Nom.-*s* im Auslaut (Andwit).

d.

Dieselbe Unterscheidung, wie für got. *b*, gilt für got. *d* zwischen dem alveolaren tönenden Verschlusslaut *d* im Anlaut und Inlaut nach Consonanten und dem interdentalen tönenden Reibelaut ð des Urgerm. im Inlaut nach Vocalen. Ersteren fanden wir z. B. in Dagila, Andwit, Hildirix. Für den letzteren ist leider keine genauere Schreibweise, wie oben für das *β*, erhalten (wenn nicht etwa das auffällige Schwanken seiner Wiedergabe in den Varianten zur Theudarjû [S. 19. 61] einen Beweis giebt), er erscheint immer als *d* (Gôdagisl, Theudarîx, Gabadus, Baudus). Und dennoch werden wir einen graphischen Anhalt für dieses ð im Inlaut zwischen Vocalen haben: in Fri*d*ubalth, Fri*d*amal, Fri*d*us. In diesen *d* die vollendete hochdeutsche Verschiebung zu sehen, widerspräche unsrer ganzen Kenntnis von der Chronologie der Verschiebungsacte, wonach die Verschiebung der germ. Spirans die allerjüngste ist. Das *d* in jenen drei Namen ist nichts anderes als die tönende Spirans ð, und das Wand. zeigt hier nur die V o r s t u f e zur späteren ahd. Verschiebung: das tonlose *þ* des Got. (friþu-) ist bereits tönend geworden; dieses *d* entspricht also nicht hochdeutscher, sondern ganz genau got. Orthographie und Aussprache, und das *d* in wand. fridus und ahd. fridu klingt verschieden. Es ist recht zu bedauern, dass für diese interessante Erscheinung weitere Belege, auch auf anderen Articulationsgebieten, fehlen.

Das got. Gesetz über *d* im Auslaut (und vor dem Nom.-*s*) nach Consonanten und seine Wandlung in *th* nach Vocalen befolgt auch das Wand. (Gunthamund — Gamûth, Witarîth; vgl. S. 69).

th (þ).

Die tonlose interdentale Spirans *th* (got. *þ*) erscheint im Wand. anlautend (Theudarîx, Thrasamund), inlautend nach

Consonanten (Guntharîx, Gunthamund), auslautend (Fridubalth, Guth-theus), im letzteren Falle häufig als Vertreter eines *d* nach Vocalen, wie im Got. (Gamûth, Witarîth). Das got. *þ* im Inlaut zwischen Vocalen ist wand. tönend geworden, worüber oben unter „d" zu vgl.

s.

Die beiden alveolaren Reibelaute wurden in der ulfil. Orthographie als tonloses *s* und tönendes *z* unterschieden. In der Orthographie der lat. Autoren sind beide in *s* zusammengefallen (nur ganz vereinzelt *z*, z. B. im Gizericus des Jord., vgl. S. 59), und so haben wir Wîsimar, Swêsaon (?), Thrasamund auf der einen, Hasdinge, Geisarîx, Gôdagis, Hôhageis (in den beiden letzten Fällen auslautend wie bei Ulf.) auf der andern Seite.

Die Gemination *ss*, die schon urgerm. häufig, zeigte sich in Assi.

Einen ganz besonders interessanten Einblick gestattet uns das Wandalische in die ersten Anfänge des zweiten consonantischen, gewöhnlich westgerm. genannten Auslautgesetzes. Das auslautende *s*, welches die ulfil. Grammatik noch unangetastet liess, ist in bestimmten Fällen im Wand. bereits geschwunden. Von den Fällen, wo dem Nom.-*s* ein Consonant im Got. vorausgeht, sind uns für das Wand. nur solche mit Gutturalen und Dentalen, leider nicht auch Labialen erhalten. Wand. Namen mit gutturalem Consonanten vor dem Nom.-*s* haben rein got. Gestalt bewahrt, wie bewiesen wird durch die Composita mit -rîx, d. i. genau got. -reiks (Guntharîx, Geisarîx, Hûnarîx, Theudarîx, Hildirîx; vgl. S. 54 ff.), wofür die S. 54 aufgezählten, nicht latinisierten Fälle, zumal auf den Münzen Hildirix', ausschlaggebende Belege liefern; hier also noch keine Spur von dem Schwund des *s* (über abnorme Bildungen auf -ric und -rich s. S. 55). Ebenso allgemein aber ist letzterer eingetreten nach Dentalen und zwar Dentalen aller Art: nach dentalen Verschlusslauten (got. *d*, *t*), dentalen Reibelauten (ausser nach ursprünglichem *s* und *z*, wo *s* schon bei Ulf. abfiel, auch nach *th*), dentalem *l*, dentalem *r*, vermutlich dentalen Nasallauten (*n*). So fanden wir wand. Andwit (sicher gestellt durch Vict. Vit.), Gunthamund, Thrasamund, Etemund, Gibamund (sicher gestellt durch die Münzen des Gunthamund); so fanden wir (ausser Gôdagis, Hôhageis, wo das Nom.-*s* nach dem ursprünglichen *z* schon got. abgefallen,) Gamûth (sicher gestellt durch Vict. Vit.), Witarîth (dgl.), Blûmarîth (Anthol. lat.), Guntharîth (Coripp., Vict. Tunn.), Harjarîth (Coripp.), Frônîmûth (Coripp.) und erschlossen dem entsprechend Fridubalth, Geilarîth; so fanden wir Fridamal (Anthol. lat.) und erschlossen Gôdagisl; so fanden wir Hôhamîr (Vict. Tunn.), Geilamîr (sicher gestellt durch seine Münzen), Gunthimîr (Vict. Tunn.)[1]; so wären die Nom. Gintûn (?), Swêsaon (?) zu erschliessen.' Ich denke, alle diese Belege sind völlig überzeugend, und der Abfall des Nom.-*s* nach Dentalen ist damit für das Wand. erwiesen.

Noch ein zweites Vorkommen desselben Gesetzes versuchten wir bei Erklärung der Inschrift Raginarî (S. 86) für -arjis aufzustellen, eben nach *i*. Doch das ist ein singulärer Fall, der nicht ohne weiteres verallgemeinert werden darf. Vielleicht finden sich einmal anderweitige wandil. Parallelen.

Auch diese grammatische Erscheinung, Schwund des auslautenden *s*, bedarf einer durchaus correcten Dialektsonderung und -forschung; dann erst wird man auf eine „einigermassen beifallswürdige Datierung des consonantischen Auslautgesetzes" hoffen dürfen, wie sie z. B. Scherer (z. G. d. d. S.,[2] 200) noch nicht geben konnte. Unsre obigen Ergebnisse dürften einen ersten Beitrag hierzu liefern.

GUTTURALE.

c (k).

Das palatale *c* zeigte sich in Cyrila, das velare im Suffix -ic- (Stilica, Hildica) und in -rîx (*x* graphisch für *cs*, S. 54).

Über das unwandalische *c* in der Schreibung -giscl für -gisl s. S. 52; über seine vereinzelte Schreibung statt *g* S. 68.

[1] Liegt eine erste Spur dieses Gesetzes schon bei Ulf. im Nom. stiur (Nehem. 5, 18)?

g.

Das got. *g* fanden wir im wand. Anlaut besonders häufig, sowohl das palatale (Geisarîx, Geilarîth, Geilamîr, Gibamund) als das velare (Gôdagisl, Guntharîx, Gamûth). Seine scharf articulierte Aussprache und selbst seine von Dietrich (S. 73) mehrfach belegte Vergröberung zu *c* könnte vielleicht auch das Wand. mit seinem Cabadus (S. 68) und den Varianten zu Gamûth (S. 67) beweisen.

Die, wie bei *b* und *d*, auch hier wahrscheinliche Scheidung zwischen anlautendem *g* als Verschlusslaut und inlautendem als Spirans (wand. Igila, Dagila, Raginarî) lässt sich des Näheren nicht nachweisen (wie ebenso im An. das *g* Zeichen für Verschlusslaut und Spirans zugleich ist). Vgl. Dietrich S. 73 f.

Für got. *gg* schreiben die Lateiner *ng*.

h.

Die Vermutung, dass die gutturale tonlose Spirans *h* (χ) (welche von den gr. und röm. Autoren in den ältesten deutschen Eigennamen wenigstens vor dunklen Vocalen noch durch χ, *ch* wiedergegeben wird; Bremer, S. 3, 3) auch im Got. nicht viel mehr als die Geltung des blossen Hauchlautes bewahrt habe, wird durch die Wandalennamen bestätigt: ganz schwankend wird es im Anlaut und Inlaut (für den Auslaut fehlen wand. Belege) bald geschrieben, bald weggelassen; man vgl. die einzelnen Quellen für Hasdinge, Hildica, Hûnarîx, Hôhageis, Hildirîx, Hôhamîr, Harjarîth; eine Unterscheidung darin zwischen dem *h* vor hellen und dem vor dunklen Vocalen lässt sich nicht durchführen. Man muss jedoch für das Wand., wie überhaupt für die wandil., ja germ. Dialekte das anlautende *h* festhalten als auch lautlich noch vorhanden; das beweisen die mit *h* allitterierenden Namengruppen, wand. Hûnarîx und Hildirîx. Sein häufiges Fehlen ist eine blosse Übertragung des Schwankens der lat. Orthographie (P. Pietsch, Litteraturblatt 1883, Sp. 347); im Verlaufe der ganzen Latinität fehlt das Bewusstsein, ob *h* zu setzen oder zu streichen sei (Seelmann, S. 255). Demnach sind ohne Zögern Hasdinge (vgl. Cass.), Hôhageis, Hôhamîr, Harjarîth als die richtigen wand. Formen anzusetzen. Immerhin aber war der Hauchlaut ein so schwacher, dass Theuda-harjû, Ragina-harî ohne weiteres zu Theudarjû, Raginarî zusammengezogen wurden.

l, r, m, n.

Hier können wir uns kurz fassen.

Bei *r, l, m* weist das Wand. keine besonderen von der ulfil. Grammatik abweichenden Eigenheiten auf. Geminiertes *m* zeigte sich möglicherweise in Ammata (S. 83).

Bei dem *n* veranlassen die wiederholt aufgestellten Hypothesen über Einschiebung oder Ausstossung eines solchen einige Worte. Es ist ganz unverständlich, wie derartige Gesetze für den Verlauf des Wandil. aufgestellt und durch vereinzelte Namensformen bewiesen werden können, während die Grammatik des Ulf. nichts davon weiss; das heisst doch zu viel des Guten thun, einigen Namensetymologien zur Liebe Lautgesetze zu statuieren! So hat Wackernagel (kl. Schr. III, 352), um einige Namen zu erklären, die Einschiebung eines unursprünglichen *n* innerhalb des Germ. aufgestellt, eine Erscheinung, die wir S. 58 als romanische Beeinflussung und ungerm. bezeichnen konnten; wo wir im Got. solche Nasale finden (vgl. sigqan — Wz. sig: siq, dumbs — Wz. dhubh), da stehen sie schon seit urgerm. Zeit fest, und neue Entwickelung solcher giebt es bei Ulf. nicht. Noch häufiger findet man das Gesetz der Ausstossung eines *n* aufgestellt (s. S. 46. 85, Anm. [1]. 88); auch hier gilt dasselbe. das Got. hat diese Entwickelung bereits hinter sich (vgl. got. mês — lat. mensa, stautan — lat. tundere, beitan — lat. findere, þreihan — ahd. dringan), und ebenso wenig, wie dieser Schwund des *n* bei Ulf. zu constatieren (abgesehen von dem einen unsicheren seiteins gegenüber sonstigem sinteins), darf man ihn für jüngere got. Namen anwenden. Sollte er jedoch wirklich vorkommen, dann wäre das, wenn weitere Beweise fehlen, einzig und allein den lat. Schreibern zuzuweisen (Seelmann, S. 273 ff.). Somit muss die lautliche Zurückführung des Assi (S. 46) auf die Ansis des Jord. (vgl. Ansila mit erhaltenem *n* S. 72), die des Fuscias (S. 85) auf Funs, die des Stutja (S. 88) auf Stuntja hinfällig erscheinen, und die Behauptung Dietrichs (S. 65), dass der Ausfall eines *n* „in wand. Namen gewöhnlich“ sei, ist haltlos.

Der gutturale Nasal (got. *gg*, gr. *γγ*, lat. *ng*) zeigte sich in den wand. Hasdingen, Silingen, Gardingen, (Ingila?).

FLEXION.

Es bedarf keiner Erläuterung, dass es sich für das Gebiet der wand. Flexion nur um Andeutungen und winzige Brocken handeln kann. Und diese können sich (abgesehen von dem zufällig erhaltenen armês) nur auf die Declination beziehen. Allermeist aber sind die Eigennamen bei den Lateinern mit lat. Endung versehen und deshalb für wand. Flexionslehre wertlos. Mitunter fehlt eine solche Latinisierung, und damit ist wenigstens auf die Nom. Sing. ein Schluss gestattet; die letztere Form verwendet der lat. Autor dann häufig indeclinabel für alle andern Casus, und so kann z. B. beim Acc. der st. Masc. solche Bildung sowohl als wand. Acc. erscheinen, wie als unflectierter Nom. Die hier möglichen Resultate sind die folgenden.

DECLINATION.

A. Starke Declination.

I. *a*-Declination.

a) Masculina.

1) Reine *a*-Stämme.

Für die Endung des Nom. Sing. (got. *-s*) kann ganz auf die obigen Auseinandersetzungen über ersten Abfall dieses *-s* (S. 105 f.) verwiesen werden. Danach ist es bei Gutturalstämmen erhalten, bei Dentalstämmen abgefallen; also wand. -rîx (got. reiks) — aber wand. -rîth, -mûth, -wit (got. -rêþs, -môþs, -wits); schon im Got. fehlt das Nom.-*s* bei vorhergehendem urspr. *z*: Gôdagis, Hôhageis (vom got. Stamm *gai*z*a-).

Die Endung des Gen. (got. *-is*) ist möglicherweise für das Wand. ebenso erhalten im Etemundis der Anthol. lat., da die Zusammensetzungen mit got. -munds sonst die Latinisierung -mundus, *-i* zeigen; vgl. jedoch S. 86.

Wand. Acc. liegen vielleicht (s. o.) vor in Gôdagis, Witarîth, Gamûth, Hildirîth bei Vict. Vit.

2) *ja*-Stämme.

Ein *ja*-Stamm ist erhalten in Raginarî (got. -harjis), vermutlich mit Abfall des Nom.-*s* und Contraction des frei gewordenen *ji* zu *î* (s. S. 86. 93. 106).

3) *wa*-Stämme.

wa-Stämme liegen in got. Form (s. S. 86) vor in wand. Hraos (für got. Hraus, Stamm *hrawa-, s. S. 99), Baudus, Gabadus, Marivadus (Stamm badwa-) und vermutlich in Guththeus (got. þius, St. þiwa-).

β) Neutra.

Über die mögliche Erhaltung eines ursprüngl. Neutr. im zweiten Teile des Namens Wîsimar s. S. 48.

II. *i*-Declination.

Mit Abfall des Nom.-*s* nach Dental sind wand. Nom. Masc. auf -mund und -mîr sichergestellt (S. 106). Ein got.-wand. Acc. vielleicht im Hôhamîr durch Vict. Tunn. (s. S. 109).

III. *u*-Declination.

Die got.-wand. Endung -*us* des Nom. Sing. (s. S. 86) liegt vor in Hraftus, Fridus. Für den Gen. Sing. kann in der Lesart Fridus (neben Fridi) eine wand. Endung vorliegen, wie sie schon bei Ulf. neben häufigerem -*aus* auftritt (s. S. 94).

B. Schwache Declination.

I. Masculina.

Wie im Got., im Nom. Sing. die Endung *a*: Pinta, Amata, Tata, -ica, -ila, frôja, Stutja. Den Charakter der *n*-Declination beweist die Flexion Stilico*n*is, -o*n*i, ebenso *Τζάζωνος*.

II. Feminina.

Zu Theudarjô? oder Theudarjû? vgl. S. 62.

CONJUGATION.

Hier ist das armês aus dem wand. Gebetsanfang der einzige Rest: armês 2. Sing. Conj. Praes. Act. für ulfil. armais. Ob man aus dieser einen Form für die wand. Flexionslehre den allgemeinen Schluss ziehen kann, dass die *ai* in Flexionssilben (also namentlich in der 3. schw. Conjug.) zu *ê* monophthongiert sind, sei dahingestellt (S. 92).

Der Versuch die Bildung armês etwa zur Entscheidung der alten Streitfrage zu verwenden, ob in der 3. Sing. Conj. Praes. got. armái oder armaí anzusetzen (Scherer, z. G. d. d. S.[2], 605), wird dadurch vereitelt, dass uns für das Wand. leider kein einziger einem got. *aí* entsprechender Laut überliefert ist.

WORTBILDUNG.

Auf dem Gebiete der Wortbildung waren zwei Erscheinungen, die vor unsern Augen in Wirksamkeit traten, von besonderem Interesse: Epenthese und Ablaut; und wenn B*au*dus gegenüber Gab*a*dus, Mariv*a*dus, andrerseits G*ei*sarîx gegenüber Gôdag*i*s erschien, dann zeigte sich deutlich, wie die durch Epenthese und höhere Ablautstufe stärkere Form ihre Entstehung dem vollwirkenden Accent der germ. Wurzelsilbe verdankt. Merkwürdig war die Stufenfolge *Geis*arîx, Gôda*gis*, Gôda*gisl*: stärkere Ablautstufe, schwächere Ablautstufe, schwächere Ablautstufe und hypokoristisches Suffix.

Bildungen mit deminutivem oder hypokoristischem Suffix lagen vor in Gôdagis-l, (Wand-al-), Ig-il-a, Dag-il-a, Cyr-il-a, Ans-il-a; Stil-ic-a, Hild-ic-a; mit urspr. patronymischem Suffix in den Hasdingen, Silingen, Gardingen.

In der Composition zeigte sich eine Vorliebe für bestimmte, auch sonst in germ. Namen häufige und ganz dem Sinne eines germ. Mannes entsprechende zweite Compositionsglieder: -rîx, -badus, -gis, -mund, -mûth, -rîth, -mîr.

Was bei consonantischem Anlaut des zweiten Compositionselementes den Stammesauslaut des ersten anlangt, so ist dieser in allen späteren wand. Namen, deren Träger ihren

Geschichtsschreibern auch zeitlich nicht allzu weit voraus waren, in aller grammatischen Reinheit bewahrt (vgl. Wita-rîth, Mari-vadus, Guntha-mund, Gôda-gis, Geila-rîth, Hildi-rîx, Gunthi-mîr u. s. w.). Nur bei den ältesten Namen hat die Überlieferung den Stammesauslaut des ersten Gliedes bereits abgeschwächt. Es liegt nahe diese Abschwächung gegenüber jenen jüngeren, jedoch correcteren Namenbildungen allein den Quellen zuzuschieben und demgemäss als rein wand. herzustellen: Gôdagisl (gemäss Gôdagis), Fridubalth (die beiden genannten Namen sind ganz ungenügend überliefert), Geisarîx (s. S. 59), Hûnarîx (s. S. 63), Theudarîx (s. S. 66).

ZUSAMMENFASSUNG.

Fassen wir noch einmal den Lautstand und die charakteristischen Merkmale des wand. Dialektes zusammen, dann muss zunächst betont werden, dass wir es mit einer noch jugendkräftigen, selbständiger Lautbildung noch vollkommen fähigen Mundart zu thun haben. Das bewies einmal ihre Fähigkeit, während ihrer Entwickelung mit Ablaut und Epenthese in der Wortbildung zu operieren und diese zur freien Charakterisierung besonders betonter Begriffe zu verwenden; das bewies ebenso ihre selbstthätige Namenschöpfung, das Erscheinen nur hier im Wand. belegter Namensformen.

Was das Verhältnis des Wand. zu den übrigen germ. Dialekten anlangt, so muss dasselbe als ein ganz besonders charakteristischer Vertreter des „Wandilischen" angesehen werden, und eben diese — wenn auch schon auf Plin. und Tac. fussende — Bezeichnung des zweiten grossen ostgerm. Hauptzweiges als des „wandilischen", ist deshalb als eine besonders glückliche zu bezeichnen. Charakteristische Merkmale und Lautneigungen, wie sie bisher für die Wandilier nur nach Ulf. bekannt waren, finden bei den Wand. ihre volle Bestätigung, vielfach ihre consequente Weiterführung. Es sei hier nur an die wand. Entwickelung des Drängens nach den Extremen der Vocalscala erinnert, welches bei Ulf. einzeln beginnt, bei den Wand. fortgesetzt und wenigstens im zweiten Compositionsgliede abgeschlossen ist. Und dem entsprechend hat sich die Behauptung Dietrichs (S. 80. 82),[1] dass bei den Wand. von allen wandil. Stämmen sich der grösste hochdeutsche Fortschritt zeige, als vollständig haltlos erwiesen; seine Beweise stützen sich grade auf wenige Namensformen, die entweder schlecht überliefert oder etymologisch dunkel waren (s. u. Geisarîx, Gintûn, Hôhamîr, Tata, Stutja), und werden durch zahlreiche, feststehende Gegenbelege gestürzt. Der einzige Hinweis auf spätere hochdeutsche Lautverschiebung lag in dem Stamme fri*d*u- für got. fri*þ*u-, wo die got. tonlose Spirans zwischen Vocalen tönend geworden ist. Andrerseits aber bewies die Schreibung Mari*v*adus, dass das Wand. noch grade so wie das Got. die urgerm. tönende Spirans im Inlaut zwischen Vocalen ohne alle Spur einer Verschiebung festgehalten hatte. Ebenso wurde Dietrichs weiteres westgerm. Anzeichen, das auslautende *o* statt got. *a* in der schwachen Declination (Stilic*o*, angeblich Gild*o*), durch zahlreiche entgegengesetzte Belege hinfällig. Hingegen weiss Dietrich von der einzigen westgerm. Erscheinung (die Färbung des got. *ai* zu wand. *ei* gilt nicht als solche, da sie auch im An. vorhanden), dem in seinen ersten Anfängen auftretenden westgerm. consonantischen Auslautsgesetze (nach Dentalen), noch nichts, und das ist thatsächlich der einzige Punkt, der an das Westgerm. erinnert. Im übrigen beweist die Wandalensprache ihre echt germ. Nationalität durch eine schon entschiedener als im Got. merkbare Wirkung jenes eigentlichen Grundgesetzes aller germ. Sprachentwickelung, des Accentgesetzes; jene ersten Spuren vom Abfall des Nom.-*s*, die Monophthongierung des *ai* in Flexionssilben, die Verkürzung im Gen. Frid*us*, die Contractionen in Theudarjû, Raginarî, Frônîmûth beweisen dieselbe. —

Wenn das Wand. anscheinend den älteren Diphthong *eu* bewahrt hat, hier also die extreme Färbung im Gegensatz zum Got. unterliess, dann warnt diese Erscheinung wiederum davor, Ulfilas' Sprache ohne weiteres als die Repräsentantin

[1] Auf eine Widerlegung der angeblich wand. Dialektmerkmale Förstemanns („Sprachstamm" II, 191) brauche ich mich nicht einzulassen (vgl. S. 10 f.).

des wandil. Sprachastes in allen Einzelheiten anzuwenden. Die got. Bibel ist in einem bestimmten Dialekt verfasst, und hoffentlich ist die Zeit nicht mehr fern, wo auch dieser nach Abschluss der wandil. Dialekt- und Namenforschung seine Definierung finden wird.

Eine Folgerung für die got. Bibel werden wir schon aus unserer Untersuchung andeuten können. Kremer (Beitr. VIII, 380) weist darauf hin, dass die uns erhaltene Gestalt derselben dem ostgot. Dialekt etwa der Zeit 450—533, also grade der wand. Epoche, entstamme. Wenn nun wohl auch feststeht, dass das Werk des Ulf. uns nicht in seiner ursprünglichen Form überliefert ist, so wird doch die obige Datierung gewiss der Modificierung bedürfen; denn wenn von zwei verschwisterten Dialekten, wie Got. und Wand., der eine das schliessende *s* im Nom. Sing. ganz consequent bewahrt, der andre nach bestimmten Lauten ebenso consequent abwirft, dann scheint hier nicht bloss ein dialektischer, sondern auch ein chronologischer Unterschied vorhanden.

Betrachten wir im folgenden noch kurz die Wandalennamen in ihrer Beziehung zur germanischen Namengebung und zur Bedeutung der namenbildenden Sprachelemente überhaupt, so kann es sich naturgemäss nur um Andeutungen handeln, denn wie könnte das geringe als sicher wand. überlieferte Namenmaterial hier irgendwie positive und allgemein giltige Folgerungen gestatten!

Die Namengebung der Kinder (an. nafnfesti, Namenfestigung) ging bei den Germ. unter gewissen Feierlichkeiten vor sich, und der Name hatte seine bestimmte Bedeutung. Besonders die verwandtschaftlichen Beziehungen sollten an ihm zu erkennen sein. Das geschah in ältester Zeit gern durch Allitteration: auch die Namen aus dem Hasdingenhause geben treffende Belege dafür (wie schon Ambri und Assi, Hraos und Hraftus allitterierten): die beiden Söhne des Godagisl sind Guntharix und Geisarix; ein Sohn des Geisarix heisst Gintun; Hildirix ist Hunarix' Sohn; drei Söhne des Gintun heissen Gunthamund, Godagis, Geilarith; des Geilarith Sohn ist Geilamir; zwei Verwandte des letzteren sind Gibamund und Gunthimir, des Hildirix vielleicht Hohageis und Hohamir. Gesteigert werden die verwandtschaftlichen Kennzeichen, wenn in dem Namen der Verwandten sogar gleiche Bildungsglieder sich zeigen, in gleicher oder abgelauteter Gestalt: Goda*gisl* und G*eisa*rix, Vater und Sohn; die Brüder Guntha*rix* und Geisa*rix*; Geisa*rix* und seine Söhne Huna*rix* und Theuda*rix*; Huna*rix* und Hildi*rix*, Vater und Sohn; (die Brüder *Hûna*rix und Gint*ûn*? s. S. 65); die Brüder Guntha*mund* und Thrasa*mund*; *Geila*rith und *Geila*mir, Vater und Sohn; ja vielleicht kann man nach diesem Princip Gib*amund* und *Gunthi*mir, deren näheres Verwandtschaftsverhältnis zum Hasdingenhause nicht überliefert ist, für die Söhne *Gunthamunds* halten, indem beide je einen Bestandteil vom Namen des Vaters in dem ihrigen aufweisen; eine ähnliche Anwendung versuchten wir schon oben S. 77. 81 für *Hoha*geis und *Hoha*mir.

Im übrigen ist es uns nicht vergönnt, nach Anregung Scherers („Gesch. d. dtsch. Litt.“, S. 10) aus den Wandalennamen und ihrem Inhalt ästhetische oder ethische Schlüsse zu ziehen; denn von Frauennamen, die hier ein Kriterium abgeben könnten, ist uns nur ein einziger erhalten: Theudarjû (?) = got. Thiudaharjô, welcher allerdings auf die Epoche eines weiblichen Walkürenideals weisen würde. „Die Namen der Männer drücken aus, was auf Erden vorwärts bringt, Eigenschaften, durch die man sich in dem allgemeinen Kampf ums Dasein behauptet: Klugheit (Andwit, Witarith), Stärke (Swesaon? Thrasamund, Geilarith, Geilamir), Unverzagtheit, wagenden Mut (Hraos, Hraftus, Fridubalth, Fridamal, Amata), kriegerische Geschicklichkeit (Wisimar? Guntharix, Gunthamund, Gunthimir, Hildica, Hildirix, Gabadus, Marivadus, Baudus, Raginari), Tüchtigkeit in Führung der Waffen (Stilica? Godagis, Godagisl, Geisarix, Hohageis), Macht, Reichtum (Dagila, Gibamund) und Herrscherkraft (Hunarix, Theudarix), vor allem aber die Gesinnung, die nur Eines will, und das leidenschaftlich, unerschütterlich (Gamuth)“ (Scherer, a. a. O.). Namenbildungen, die auf dem Cultus beruhen, sind für die Wand., abgesehen von den Hasdingen, unsicher (vgl. Ingila? Ansila; Cyrila, Guththeus).

Wenn wir auch nach Massgabe der behandelten Namen für die Wand. noch die frische Periode selbständiger Namenschöpfung anzusetzen haben, so ist andrerseits nicht zu leugnen, dass für manche Begriffe durch ihre Verwendung zu Namenbildungen schon Modificationen in der Bedeutung eintreten. Interessant war das Erscheinen eines Fridamal neben einem got. Amalafridus (vgl. Herold und Walther u. v. a.). Der frühe Gebrauch von got. harjis als Concretum (Held,

Krieger) zeigte sich auch für das Wand. in Theudarjû und Raginarî. Die Stämme þiuda, ragin wurden auch in wand. Namen zur blossen Verallgemeinerung oder Verstärkung verwandt (Theudarjû, Theudarîx, Raginarî). Wenn schon J. Grimm (Gramm. III, S. 690) auf eine gewisse Verallgemeinerung der zweiten Glieder in germ. Eigennamen hinwies, so ist dieselbe auf unserm Felde nur in den ersten Spuren bemerkbar. Dass ein solcher Unterschied zwischen den ersten und zweiten Compositionsgliedern vorhanden, bewies schon die in Gabadus und Marivadus unterlassene Epenthese gegenüber Baudus. Sonst war er nur in der S. 55 behandelten Vertauschung von -rîx und -rîth im zweiten Gliede bemerkbar; -rîx muss nach seiner hieraus folgenden Bedeutungsschwäche auch für Zusammensetzungen ein uralter und ganz geläufiger Begriff gewesen sein, — vielleicht eine interessante Beobachtung für die Verfassungsgeschichte. — Grade für die letzten Andeutungen wird erst ein kritisch gesichtetes wandil. Namenbuch Ergänzungen und Erklärungen bringen können. —

Nichts als Andeutungen waren für den letzten Abschnitt möglich, wie im wesentlichen für unsere gesamte Untersuchung: — „mehr Anregungen als Resultate, mehr Fragen als Antworten; kühne Hypothesen, wenig Beweis. Aber wenn die Kunst Vollendung braucht, so kann in der Wissenschaft auch das Unfertige nützlich werden, wofern es nur nicht am Einzelnen haftet, sondern zum Ganzen strebt“ (Scherer, „Gesch. d. dtsch. Litt.“, S. 478).

INDEX.

(Die Zahlen weisen auf die Seiten. Die cursiv gedruckten Formen sind die wandalischen.)

MIX
Papier | Fördert gute Waldnutzung
FSC® C083411

Kolibri 360 GmbH
Ferdinand-Jühlke-Straße 7
99095 Erfurt, Deutschland
produktsicherheit@kolibri360.de